LES ENFANTS INDIGO

LES ENFANTS INDIGO

Les enfants du troisième millénaire

Lee Carroll
Jan Tober

Ariane Éditions

Titre original anglais :
The Indigo Children

Publié par Hay House
P.O. Box 5100, Carlsbad, CA 92018-51, USA

Ariane Éditions inc.
1209, av. Bernard O., bureau 110, Outremont, Qc, Canada H2V 1V7
Téléphone : (514) 276-2949, télécopieur : (514) 276-4121
Courrier électronique : ariane@mlink.net

Les auteurs de cet ouvrage ne donnent pas de conseil d'ordre médical et ne recommandent aucune technique comme traitement de problèmes d'ordre physique ou médical, que ce soit directement ou indirectement. Ils désirent simplement offrir de l'information générale pouvant aider quiconque dans sa recherche d'un bien-être émotionnel et spirituel. Dans le cas où quelqu'un déciderait d'utiliser les renseignements fournis dans cet ouvrage à des fins personnelles, ce qui constituerait son droit le plus fondamental, les auteurs et l'éditeur se dégagent de toute responsabilité par rapport aux actions posées dans ce sens.

Traduction : Marie-Andrée Langevin
Révision linguistique : Monique Riendeau
Illustration : Delmary
Graphisme : Carl Lemyre

Première impression : octobre 1999
ISBN : 2-920987-36-4
Dépôt légal : 4e trimestre 1999
Bibliothèque nationale du Québec
Bibliothèque nationale du Canada
Bibliothèque nationale de Paris

Diffusion
Québec : ADA Diffusion – (514) 929-0296
Site Web: www.ada-inc.com
France : D.G. Diffusion – 05.61.000.999
Belgique : Rabelais – 22.18.73.65
Suisse : Transat – 23.42.77.40

Imprimé au Canada

« Vos enfants ne sont pas vos enfants.
Ils sont les fils et les filles de la Vie
qui a soif de vivre encore et encore.
Ils voient le jour à travers vous
mais non pas à partir de vous.
Et bien qu'ils soient avec vous, ils ne sont pas à vous.

Vous pouvez leur donner votre amour
mais non point vos pensées.
Car ils ont leurs propres pensées.
Vous pouvez accueillir leurs corps mais non leurs âmes.
Car leurs âmes habitent la demeure de demain
que vous ne pouvez visiter même dans vos rêves.
Vous pouvez vous évertuer à leur ressembler,
mais ne tentez pas de les rendre semblables à vous.
Car la vie ne va pas en arrière ni ne s'attarde avec hier.

Vous êtes les arcs par lesquels sont projetés vos enfants
comme des flèches vivantes.
L'Archer prend pour ligne de mire le chemin de l'infini
et vous tend de toute Sa puissance
pour que Ses flèches s'élancent avec vélocité
et à perte de vue.
Et lorsque Sa main vous ploie,
que ce soit alors pour la plus grande joie.
Car de même qu'Il aime la flèche qui fend l'air,
Il aime l'arc qui ne tremble pas. »

Le Prophète, Khalil Gibran

À Jean Flores, au service des Nations Unies,
qui nous a quittés alors que nous écrivions ce livre.
Elle est devenue notre ange gardien
qui, de l'au-delà, veille toujours
sur les enfants du monde.

« Ces enfants peuvent être très brillants et pleins de charme mais ils savent aussi vous rendre la vie impossible. Ils sont drôles et créatifs et capables de penser à dix choses en même temps. Alors que vous êtes encore à éteindre le feu qu'ils ont mis à la cuisine, ils ébouillantent le poisson rouge dans la baignoire. »

Natasha Kern, mère de famille
citée par Nancy Gibbs du magazine *Time*[1].

TABLE DES MATIÈRES

TABLE DES MATIÈRES

Introduction

En parcourant ces premières lignes, vous pensez sans doute : « Encore un de ces discours sur l'influence pernicieuse de la société sur nos enfants ! » Rassurez-vous ! Il s'agit peut-être, au contraire, du phénomène le plus passionnant mais aussi le plus étrange que cette société technologique ait observé. À vous de juger !

Jan et moi sommes auteurs et conférenciers et, depuis six ans, nous parcourons le monde entier nous adressant autant à de grands auditoires qu'à de petits groupes. Ce faisant, nous croisons des gens de tous les âges, de cultures variées et de langues différentes. Mes fils sont adultes et ont quitté la maison depuis longtemps. Bien que Jan n'ait jamais eu d'enfants, elle a toujours su intuitivement qu'un jour, elle travaillerait avec eux ; elle avait raison. Aucun de nos six livres précédents ne traite des enfants parce que ce n'était pas notre priorité. Comment expliquer alors notre intérêt soudain pour ce sujet ?

Quand on est conseiller, on est amené à établir des contacts personnels avec les gens et forcément, on finit par remarquer que certains schémas de comportement se répètent. Nos publications ont pour but d'amener les lecteurs à retrouver leur plein pouvoir et leur estime de soi afin qu'ils puissent dépasser leurs limites et atteindre des niveaux de conscience supérieurs. Ce travail sur soi permet la guérison spirituelle (qui n'a aucun lien avec la religion) et favorise l'introspection, qui nous ouvre à notre propre divinité au lieu de nous inciter à chercher notre source à l'extérieur de nous-même. Il aborde l'autoguérison, la façon de nous libérer de la peur, de l'angoisse que ce monde changeant et inquiétant suscite souvent. Notre travail est très gratifiant et nous amène à constater des faits bien réels.

Il y a quelques années, parents et éducateurs commençaient à parler de problèmes particuliers qu'ils vivaient auprès de leurs enfants. Rien de nouveau, direz-vous. Les enfants sont l'une des plus grandes bénédictions de la vie, mais ils nous obligent aussi à relever les plus grands défis. De nombreux livres traitent de la psychologie de l'enfant et de l'art d'être parent, mais cette fois, nous sentions qu'il se passait quelque chose de différent.

Nous entendions de plus en plus parler d'un nouveau type d'enfants ou, à tout le moins, d'un nouveau genre de problèmes auxquels les parents devaient faire face. La nature même de ces problèmes était étrange, en ce sens que la relation adulte-enfant n'était plus ce qu'elle avait toujours été ou du moins ce que notre génération avait connu. Nous n'avons vraiment porté attention à ce phénomène que lorsque des professionnels qui travaillent spécifiquement auprès des enfants ont commencé à nous rapporter des faits semblables à ceux des parents et des éducateurs. Beaucoup d'entre eux étaient exaspérés au point de ne plus savoir à quel saint se vouer. Des éducateurs de tous les coins du pays, dont certains exerçaient leur métier en garderies depuis une trentaine d'années, nous rapportaient aussi à quel point leurs relations avec les enfants avaient changé. Puis, nous avons découvert avec consternation que lorsque ces nouveaux problèmes se sont manifestés en plus grand nombre, on tendait de plus en plus à résoudre la situation en administrant des drogues « légales » à ces enfants perturbateurs.

Nous avons d'abord cru qu'il s'agissait là d'un phénomène culturel reflétant les changements que vit l'Amérique, conscients que l'une de nos plus grandes caractéristiques nationales est cette flexibilité qui nous permet d'affronter plus facilement que tout autre pays de grands bouleversements tout en conservant une structure gouvernementale stable. Aujourd'hui, n'importe quel enseignant vous dira à quel point notre système d'éducation a besoin d'être revu et amélioré. Il est temps d'agir mais notre réflexion n'a rien de révolutionnaire et ce n'est pas ce qui nous a motivés à écrire ce livre.

Jan et moi nous intéressons surtout aux problèmes des individus et nous ne nous mêlons pas de questions politiques ou de causes reliées à l'environnement. C'est le choix que nous avons fait, non par manque d'intérêt pour ces questions, mais plutôt parce que nous voulons apporter une aide personnelle à tous ces gens que nous rencontrons, même si nous sommes très souvent en contact avec des groupes imposants. Nous avons toujours cru que tout être humain équilibré et positif a le pouvoir d'effectuer les changements nécessaires à son bien-être. En d'autres mots, tout changement social, toute révolution, doit d'abord commencer dans la tête et dans le cœur de chacun.

En outre, nous supposions que même si nous observions des changements chez les enfants, les professionnels et les chercheurs que le domaine intéresse les remarqueraient certainement. Nous nous attendions donc à voir surgir des rapports ou des articles décrivant les caractéristiques de ces nouveaux enfants dans les écoles primaires et les garderies. Il ne s'est rien passé d'assez important pour attirer notre attention ou pour informer et aider les parents.

Cet intérêt mitigé nous a donc laissé croire que nos observations n'étaient peut-être pas aussi répandues que nous l'avions d'abord pensé et puis, de toute façon, les enfants n'étaient pas notre priorité. En réalité, il nous a fallu plusieurs années avant de décider de l'utilité de recueillir les faits et de les rapporter, aussi étranges pouvaient-ils sembler.

Comme vous le voyez, plusieurs facteurs nous ont amenés à écrire ce livre et nous tenions à vous en faire part avant que vous ne constatiez qu'il se passe effectivement quelque chose, qu'un phénomène inexplicable existe bel et bien.

Voici les constatations que nous avons faites :

1. Ce phénomène n'est pas typiquement américain puisque nous le retrouvons dans trois continents.
2. Il semble dépasser largement les barrières culturelles et linguistiques.

3. Il n'a pas retenu l'attention du public pour la simple raison qu'il est trop bizarre pour s'insérer dans le paradigme [modèle] de la psychologie humaine, qui entrevoit l'humanité selon un modèle statique, non évolutif. En général, la société tend à conjuguer l'évolution au passé. L'idée que nous soyons en train d'assister à l'apparition progressive d'une nouvelle conscience humaine sur notre planète dépasse amplement notre pensée traditionnellement conservatrice.
4. Ce phénomène prend de l'ampleur et les preuves s'accumulent.
5. Il existe depuis assez longtemps pour que de nombreux professionnels commencent à l'observer.
6. Des réponses émergent peu à peu pour expliquer cette énigme.

Toutes ces raisons nous motivent à vous apporter la meilleure information possible sur ce sujet on ne peut plus controversé à bien des égards. À notre connaissance, c'est la première fois qu'un livre est consacré entièrement à la question des enfants indigo. Au fil des chapitres, beaucoup d'entre vous comprendront et nous nous attendons à ce que, dans le futur, le sujet soit exploré en profondeur par des personnes plus compétentes que nous.

Le but de ce livre

Ce livre s'adresse aux parents et se veut une amorce de recherche sur les enfants indigo ; il n'a certes pas la prétention d'avoir le dernier mot sur le sujet. Notre but est d'aider les personnes et les familles qui, de près ou de loin, côtoient ces enfants et cherchent des renseignements pratiques. Nous en laissons l'application à votre discernement. Nous n'aurions certainement pas publié ce livre si nous n'avions été convaincus que beaucoup d'entre vous y trouveront des renseignements pertinents. Cet ouvrage est le fruit de multiples demandes, et nous avons reçu l'appui de centaines de parents et d'enseignants que nous avons rencontrés dans le monde entier.

La méthode

Nous aurions pu vous rapporter des milliers de cas de parents et d'enfants indigo, mais ce ne sont que des anecdotes qui ne reposent pas sur les fondements scientifiques auxquels les chercheurs sont habitués. Par conséquent, nous avons décidé d'utiliser nos nombreux contacts à l'échelle internationale et de recueillir une série de rapports, de commentaires et bien sûr, de faits auprès d'éducateurs, de professionnels, d'enseignants, de médecins, de chercheurs et d'auteurs reconnus en provenance de tous les coins des États-Unis. Vous constaterez, au fil des pages, que nous nous sommes efforcés de compiler nos observations avec le plus de justesse possible. Nous avons aussi cité des cas bien documentés là où nous avons senti l'importance d'apporter une vision scientifique de la question. Puisque nous n'avons pas fait nous-mêmes de recherches poussées sur le sujet, nous avons laissé les rapports et les découvertes de professionnels en la matière valider les hypothèses que nous avançons.

La structure du livre

Nous avons opté pour une structure qui soit le plus efficace possible et nous espérons que grâce à cette introduction, vous nous connaîtrez un peu mieux et que vous serez convaincus de notre plus profond intérêt pour vos enfants.

Le premier chapitre tente d'identifier les caractéristiques de ces enfants et présente déjà quelques collaborateurs et participants qui partageront leur expérience tout au long des chapitres suivants.

Le deuxième chapitre traite de la façon d'aborder les enfants indigo. Les chapitres suivants aborderont des thèmes d'ordre médical ou ésotérique, parfois les deux. Par conséquent, les deux premiers chapitres vous proposent des réponses et des renseignements pratiques qui vous seront déjà très utiles, même si vous décidiez de ne pas pousser plus loin votre recherche sur le sujet. Ce chapitre passe aussi en revue le système d'éducation et propose des écoles alternatives pour ces nouveaux enfants.

Le chapitre trois vous fera explorer les aspects spirituels du phénomène indigo. Il ne s'agit aucunement de religion mais plutôt d'une étude de quelques-unes des caractéristiques assez inhabituelles que l'on retrouve couramment chez ces enfants et qu'il nous paraît important d'aborder ici.

Le chapitre quatre soulève une question délicate, celle du diagnostic médical. Tous les enfants indigo n'ont pas de graves problèmes psychologiques mais lorsque c'est le cas, on pose souvent un diagnostic de déficit de l'attention ou d'hyperactivité. Attention ! Notez toutefois que les enfants qui ont reçu un tel diagnostic ne sont pas tous des enfants indigo. Cependant, aimeriez-vous connaître des traitements parallèles qui donnent de bons résultats ? Dans ce quatrième chapitre, nous nous proposons quelques cas où l'on traite ces problèmes de comportement par des méthodes traditionnelles et non traditionnelles. Notre objectif est de proposer aux parents d'autres solutions que celle des sédatifs.

Si vous êtes un parent responsable, vous pensez sans doute que le Ritalin est la solution au problème de votre enfant parce que lorsque celui-ci en prend, il se comporte mieux, semble plus calme et plus stable à la maison et à l'école. Merveilleux ! Cependant, il faut savoir que le Ritalin plonge l'enfant dans un état de suspension qui, à la rigueur, peut même lui plaire, mais qu'un jour, quand on retirera le bouchon, c'est-à-dire quand il cessera de prendre ce médicament, la marmite risque fort d'exploser. Quand l'enfant aura grandi et qu'il jettera un regard sur son enfance, il est possible qu'il sente alors qu'une partie de celle-ci lui a été dérobée et qu'il n'ait plus qu'un souvenir nébuleux de sa véritable identité. On reconnaît maintenant que le Ritalin retarde souvent les processus reliés à la croissance et la sagesse qui l'accompagne, celle de comprendre le fonctionnement de la société. C'est un fait connu et documenté.

Il existe d'autres solutions pour aider votre enfant à retrouver une vie normale. Nous vous invitons à rester ouverts et à écouter ce que des professionnels qualifiés et reconnus, qui ont obtenu d'excellents résultats autrement, ne demandent qu'à partager avec vous.

Le cinquième chapitre vous propose des messages écrits par des enfants indigo qui continuent de cheminer et qui ont envie de partager leur vision des choses. Croyez-nous, ces enfants savent qui ils sont et leurs réflexions sont profondes.

Au chapitre six, le sommaire, vous trouverez quelques courts messages des auteurs et des collaborateurs.

Les collaborateurs

Chaque fois que nous vous présentons un collaborateur, nous spécifions ses compétences et son expérience. Vous trouverez des renseignements complémentaires sur chacun d'eux à la fin de ce livre ainsi que les organisations auxquelles ils appartiennent. Nous vous encourageons à leur écrire, par lettre ou par courrier électronique, ou encore à leur téléphoner si vous avez des questions ou si vous désirez vous procurer leurs livres ou leurs produits. Nous avons également fourni leurs adresses sur Internet, quand ils représentent des organismes. Si vous n'avez ni leur adresse électronique, ni leur site Internet, ni aucune autre coordonnée, envoyez votre courrier à Hay House, dont l'adresse apparaît à la fin de l'ouvrage. Si vous entrez en contact avec eux, assurez-vous de mentionner le titre de ce livre ; ainsi, vous serez assurés d'une réponse, peu importe à qui vous vous adresserez. Vous pouvez aussi nous faire parvenir vos questions, bien que nous ne nous considérions pas comme des experts en la matière. Nous dirigerons tout simplement vos questions au collaborateur approprié. Nous ne faisons ici que transmettre l'information, et notre rôle était de réunir des experts en la matière afin de vous aider à identifier et à mieux comprendre les enfants indigo.

Les références

Lorsqu'il y a des renseignements complémentaires sur le sujet, un appel de note apparaîtra dans le texte et vous renverra à la fin de cet ouvrage où vous trouverez une liste de livres, de produits et d'organismes. Les nombres sont en ordre croissant du début à la fin du livre et ne tiennent pas compte des chapitres.

Note de l'éditeur français

Même si une grande part des références mentionnées dans ce livre s'applique à des ouvrages ou des documents américains disponibles en langue anglaise seulement au moment de la publication de ce livre, nous avons choisi de les indiquer en espérant que cela puisse être utile à une partie de notre lectorat.

Soyez assurés qu'en tant qu'éditeurs, nous sommes conscients de notre responsabilité de faciliter la diffusion d'informations en français. Cependant, très peu de documentation porte sur ce thème en date d'octobre 1999. Au fur et à mesure que nos recherches nous indiqueront des sources et des références en français, nous les publierons dans les prochaines réimpressions. À cet effet, nous comptons sur nos lecteurs pour nous assister dans ce travail. Prière de nous faire parvenir toute information à l'adresse indiquée au début de ce livre.

À la fin de cet ouvrage, dans la section Collaborateurs, vous trouverez les noms de trois spécialistes du Québec prêts à recevoir vos appels et à vous conseiller. Éventuellement, nous indiquerons des noms de spécialistes de la France, de la Belgique et de la Suisse.

Chapitre un

Qu'est-ce qu'un enfant indigo ?

Pourquoi une telle appellation ? En fait, un enfant indigo se caractérise par un ensemble de traits psychologiques nouveaux et inhabituels dont les schémas comportementaux ne sont pas encore étayés par des documents. Tous ces enfants partagent un point commun : ils obligent les personnes qui les côtoient de près, en particulier les parents, à modifier leur conduite et leur méthode d'éducation pour leur assurer une vie équilibrée. Ne pas tenir compte de ces nouveaux schémas risque d'engendrer déséquilibre et frustration chez ces enfants. Ce chapitre tente donc d'identifier, de qualifier et de valider les attributs de l'enfant indigo.

Il semble y avoir plusieurs types d'enfants indigo ; nous les décrirons plus loin dans ce chapitre. La liste qui suit vous donne un aperçu des schémas comportementaux les plus courants. Peut-être y reconnaîtrez-vous un enfant de votre entourage.

Ils agissent souvent comme s'ils étaient de petits rois, et cela, dès la naissance. Et ils se sentent ainsi.

Ils portent en eux le sentiment de « mériter d'être dans ce monde » et s'étonnent que tous ne partagent pas cette opinion.

Ils sont conscients de ce qu'ils sont et en font souvent part à leurs parents.

Ils ont de la difficulté à accepter l'autorité absolue parce qu'ils ont besoin d'explications et de choix possibles.

Ils refusent certaines choses, comme faire la file.

Ils sont créatifs ; ainsi, la routine et les rituels les frustrent.

Ils conçoivent souvent une autre façon de faire les choses, que ce soit à l'école ou à la maison, et leur non-conformisme les fait percevoir comme des perturbateurs.

Ils ont l'air peu sociables, à moins qu'ils ne soient en présence d'enfants comme eux, faute de quoi ils deviennent souvent introvertis, convaincus que personne ne les comprend. Par conséquent, l'école est difficile pour eux sur le plan social.

La culpabilité et les menaces du genre « Attends que ton père rentre, tu vas voir... » n'ont aucun effet sur eux.

Ils savent très bien exprimer ce dont ils ont besoin.

Avant d'examiner plus en détail les particularités de ces enfants, voyons d'abord pourquoi on leur attribue la couleur indigo.

Au fil du temps, la psychologie a catégorisé les comportements humains, et il est souvent intéressant, voire amusant, de reconnaître nos schémas personnels. Cette catégorisation tente d'identifier et d'associer les actions humaines de différentes façons, sans doute pour définir une formule à laquelle chacun pourrait clairement s'identifier, servant ainsi ceux qui se consacrent à l'étude du comportement humain. Certains de ces systèmes sont anciens, d'autres récents.

Pour démarrer sur des bases solides, voyons brièvement ce qu'en dit un psychiatre, le docteur Richard Seigle, qui, en plus de sa pratique médicale, s'intéresse passionnément aux aspects humains et spirituels des Indiens Navajo.

✧ ✧ ✧

LES SYSTÈMES DE CLASSIFICATION HUMAINE
par Richard Seigle, M.D.

Au cours de l'histoire de la civilisation occidentale, nous avons éprouvé le besoin impérieux d'explorer, de définir et de juger. Au fur et à mesure que nous découvrions de nouveaux pays et de nouveaux peuples, nous nous demandions qui nous ressemblait, qui était différent et ce que nous pouvions retenir des autres. Tous ceux qui affichaient une différence de couleur, de croyance, de culture ou de langue étaient considérés comme inférieurs la plupart du temps.

Nous avons voulu classer les individus, selon des termes scientifiques, en fonction de la forme de leur tête, de la couleur de leur peau, de leur quotient intellectuel et d'après toutes sortes d'autres critères. Les anthropologues et les psychologues s'efforcent depuis des années d'évaluer la façon dont nous pensons, sentons et agissons. Voici quelques exemples de catégorisation :

Les tests d'intelligence tels que celui de Wechsler (WAIS) et le test de personnalité de Stanford-Binet.

Les tests de personnalité comme le MMPI, le MCMI, le type A et le type B.

Les tests projectifs d'évaluation de la personnalité tels que le Rorschach, le TAT et le SCT.

Les tests de mémoire comme le WMS et le Bender.

Les facteurs psychologiques spécifiques. Les critères suivants ont souvent servi à classifier le comportement humain : la structure et les coutumes familiales, la culture, les rêves, la psychologie du soi, les liens et l'attachement, les mythes, la religion, les motivations conscientes et inconscientes, et les pensées.

Des théoriciens reconnus de la psychiatrie ont utilisé divers systèmes fondés sur les types de personnalité. Ce sont : Freud, Jung, Adler, Berne, Fromm, Kernberg, Klein, Maslow, Peris, Reich, Rogers, Skinner et Sullivan.

Gandhi disait : « Notre capacité à atteindre l'unité dans la diversité constituera la beauté et le test de notre civilisation. » En cette fin de millénaire, nous sommes invités à une plus grande ouverture à l'amour et à la tolérance, ce que nous aurions pu apprendre des peuples autochtones il y a des siècles, si nous ne les avions pas considérés comme inférieurs.

En plus des systèmes de classification traditionnels, il en existe d'autres, d'ordre spirituel et métaphysique, qui tentent d'associer les individus en fonction de leurs caractéristiques à la naissance : ce sont entre autres l'astrologie, l'association à un animal sacré comme dans les traditions chinoises ou amérindiennes, ou le type d'énergie vitale. Quelle que soit l'opinion que l'on ait de ces systèmes apparemment non scientifiques, ils ont été identifiés et officiellement reconnus comme des sciences très anciennes que nous retrouvons dans des textes importants sur l'étude de l'être humain.

Nancy Ann Tappe est l'auteure d'un livre publié en 1982, intitulé *Understanding Your Life Through Color*[2]. C'est le premier ouvrage qui fait état des schémas comportementaux des enfants indigo et dans lequel sont répertoriés certains types de comportement selon des groupes de couleurs. Intuitivement, elle a élaboré un système étonnamment précis et révélateur. Même si son livre est plutôt de nature métaphysique, il est très amusant à parcourir, car on ne peut manquer d'y retrouver, ici et là, certaines de nos caractéristiques. On peut donc rire de soi et constater la précision de ce système. Nancy parcourt le monde entier et donne des conférences et des ateliers sur le comportement humain.

Si vous croyez que la classification des individus en fonction des groupes couleurs est étrange et réservée à ceux qui s'intéressent à la métaphysique, nous vous suggérons un nouveau livre, *The Color Code : A New Way to See Yourself, Your Relationships, and Life*, écrit par Hartman Taylor, Ph.D.[3]. Ce livre n'a aucun lien avec les enfants indigo. Nous vous l'indiquons tout simplement pour vous montrer que cette association de couleurs selon les caractéristiques humaines n'est pas destinée qu'à des lecteurs marginaux. L'auteur y traite du modèle hippocratique ou médiéval qui classe les personnalités en quatre groupes : le sanguin, le mélancolique, le flegmatique et le colérique, les associant respectivement au rouge, au bleu, au blanc et au jaune.

Comme nous l'avons mentionné précédemment, la classification de Nancy Ann Tappe repose sur l'intuition, mais elle s'avère très précise et se fonde sur des observations pratiques. Vous aurez sans doute deviné que l'une des couleurs attribuées est l'indigo. Cette classification dépeint la nouvelle catégorie d'enfants, et cela, depuis dix-sept ans. À cette époque, au moins une personne déjà savait observer. Nous devons beaucoup à sa perspicacité et à sa connaissance profonde de la nature humaine. Si les prédictions vous intéressent, au chapitre trois, il sera question d'une personnalité du monde de la télévision qui avait annoncé avec précision l'apparition de nouveaux enfants « bleu foncé ».

C'est en effectuant sa recherche que Jan a fait la connaissance de Nancy. Elle voulait la rencontrer personnellement et lui poser quelques questions fondamentales sur ce qu'elle appelle « la couleur vitale indigo ». Nous sentions tous deux qu'il fallait écouter ce que Nancy avait à dire sur le phénomène des enfants indigo puisque, en fait, c'est elle qui l'avait identifié et fait connaître. Il nous semblait que c'était là une excellente façon d'aborder le sujet. Cette entrevue avec Nancy se poursuit donc au fil des thèmes traités dans les différents chapitres.

✧ ✧ ✧

INTRODUCTION AUX ENFANTS INDIGO
par Nancy Ann Tappe
Entrevue dirigée par Jan Tober
(première partie)

Nancy, vous avez été la première à identifier le phénomène indigo et à en parler dans votre livre Understanding Your Life Through Color[2]. *Qu'est-ce qu'un enfant indigo, et pourquoi cette appellation ?*

Je l'appelle ainsi tout simplement parce que c'est la couleur que je « vois ».

Que signifie-t-elle ?

C'est la couleur vitale. C'est ce que j'appelle la couleur de vie. C'est elle que je vois autour des gens. J'observe cette couleur de vie, ou couleur vitale, pour connaître la mission des gens sur cette terre, ce qu'ils ont à apprendre, leur plan de vie. Je sentais, et ce, jusque dans les années 80, que deux nouvelles couleurs allaient apparaître parce que le fuchsia avait disparu et que le magenta était devenu rare. Je croyais donc que ces deux couleurs seraient remplacées. Quelle ne fut pas ma surprise de rencontrer une personne fuchsia à Palm Springs puisque, m'avait-on dit, cette couleur n'existait plus depuis le début du siècle.

Je racontais à tout le monde que deux nouvelles couleurs vitales allaient faire leur apparition, mais je n'avais aucune idée de ce qu'elles seraient. C'est en les cherchant que j'ai découvert l'indigo. À cette époque, je faisais de la recherche à l'université d'État de San Diego et j'essayais de tracer un profil psychologique complet capable de résister aux critiques des intellectuels. Le docteur McGreggor, un psychiatre, travaillait alors avec moi.

Il y avait aussi un autre médecin dont j'oublie le nom. Il travaille à l'hôpital pour enfants et il a été le premier à attirer mon attention parce que sa femme a eu un enfant alors qu'elle n'était pas censée en avoir. Le bébé était né avec un grave souffle au cœur et ce médecin m'avait donc fait venir pour que je regarde son fils et lui dise ce que je « voyais ». J'y suis donc allée, j'ai vu l'enfant, et c'est à ce moment-là que j'ai constaté, sans l'ombre d'un doute, qu'il y avait bien une nouvelle couleur vitale à rajouter à mon système de classification. L'enfant est mort six semaines plus tard ; tout s'est passé très rapidement. Ce fut la première expérience tangible qui me prouva que les nouveaux enfants étaient différents. À partir de ce jour-là, je me suis mise à leur recherche.

Comme j'ai quitté mon poste de professeur à l'université de San Diego en 1975, je sais que cet événement est survenu avant cela. Je n'ai pas accordé beaucoup d'importance à cette histoire jusqu'en 1980, lorsque j'ai commencé à écrire mon livre. Deux ans se sont écoulés avant sa publication ; la première édition paraissait en 1982, la version actuelle en 1986. Par conséquent, cet événement a dû se produire quelque part dans les années 70.

C'est au cours des années 80 que j'ai réellement donné un nom à ce phénomène et que j'ai entamé le processus de classification. À cette époque, nous avions des enfants de cinq, six et sept ans et en les regardant, je pouvais lire leur personnalité et voir de quoi il s'agissait. J'ai surtout appris que ces enfants n'avaient pas de plan de vie comme nous. Ils n'en ont toujours pas d'ailleurs. Cependant, quand ils auront 26 ou 27 ans, ils connaîtront un grand changement et leur mission sera claire. Les plus âgés s'affirmeront davantage dans leur domaine respectif tandis que les plus jeunes découvriront leur mission dans cette vie.

Le futur dépend encore un peu de nous.

La recherche se poursuit et c'est la raison qui m'a poussée à différer encore la sortie de mon livre sur les enfants indigo. Je suis heureuse que vous ayez décidé d'écrire sur le sujet.

Il semble y avoir un intérêt immense, un grand besoin de comprendre.

C'est vrai parce que les gens ne comprennent pas les enfants indigo. Ce sont des êtres avec un talent évident pour l'informatique, c'est-à-dire qu'ils semblent être plus dans leur tête que dans leur cœur, même s'ils font preuve d'une grande sensibilité. Ils semblent arriver sur terre avec des règles de visualisation mentale toutes prêtes. Ils connaissent déjà beaucoup de choses. Ils sont doués et montrent de l'intérêt pour la technologie, ce qui me laisse croire que notre société deviendra encore plus technologique qu'elle ne l'est en ce moment. À trois ou quatre ans, les enfants savent déjà se servir d'un ordinateur bien mieux que beaucoup d'adultes. Ce sont des technologues ; on peut donc en déduire qu'au cours des dix prochaines années, on verra se développer une technologie encore inimaginable. Je crois que ces enfants nous ouvrent la voie et qu'un jour, le seul véritable travail sera accompli par notre cerveau.

[Il est intéressant de noter qu'en Chine, par exemple, beaucoup d'enfants ont des dons psychiques très développés, au point où le gouvernement étudie le phénomène très sérieusement. Par dons psychiques on désigne ici, à titre d'exemple, la capacité de lire les pensées ou de décrire une photo les yeux bandés. Vous trouverez plus de détails sur ces enfants dans le livre *China's Super Psychics*, de Paul Dong et Thomas Raffill. Un autre aspect fascinant de certains enfants indigo est la capacité de leur système immunitaire. Il semble que des milliers d'enfants nés de mère sidatique, donc avec le VIH, arrivent non seulement à se guérir de ce virus, mais aussi à développer un système immunitaire des centaines de fois plus résistant aux maladies que l'adulte moyen. NDE]

Je suis tout à fait d'accord.

C'est leur mission. Je constate que dans certains cas, l'environnement les a tellement freinés qu'ils en arrivent à tuer. C'est le paradoxe de la vie : il nous faut l'ombre et il nous faut la lumière afin de pouvoir choisir. Sans options, il n'y a aucun choix possible. Si nous n'étions que de petits robots programmés, nous n'aurions pas de libre arbitre, nous n'aurions aucun choix, il n'y aurait rien. Je m'éloigne peut-être du sujet, mais je le fais dans un but précis.

Je disais dernièrement à mes étudiants que nous devons croire en nos origines, avoir foi en la Bible, où il est dit : « Au commencement, il y avait le néant et les ténèbres couvraient la surface de la terre. » Ainsi en était-il depuis toujours et Dieu dit : « Que la Lumière soit ! » Il créa le bien, il créa la lumière. Il ne créa pas les ténèbres ; elles y étaient depuis toujours. Puis, toute la création fut un processus de séparation : il sépara le jour de la nuit, la lumière des ténèbres, la terre des cieux, le firmament de l'air, la terre des eaux. Il créa l'homme et la femme ainsi que les autres créatures ; il les créa mâles et femelles. À mon avis, la règle de la création est la séparation, qui suppose le choix, sans lequel nous ne pouvons évoluer.

En somme, je constate que, dans cette dimension, il y a toujours eu des extrêmes. Nous expérimentons le plus noble comme le plus dégradant. La plupart d'entre nous oscillons quelque part vers le milieu, aspirant à la perfection tout en commettant des erreurs. Je remarque que les extrêmes tendent maintenant à s'atténuer, c'est-à-dire que l'on retrouve le meilleur chez des gens ordinaires, comme le pire aussi d'ailleurs. En d'autres mots, l'équilibre atteint un plus haut niveau de raffinement. Tous les jeunes enfants que j'ai vus, à ce jour, et qui tuent leurs collègues ou leurs parents, sont des enfants indigo. Jusqu'ici, un seul était un enfant indigo de type humaniste ; les autres étaient des conceptuels (voir page 21).

C'est une observation très intéressante. Si je comprends bien, tous ces jeunes tueurs sont des enfants indigo dont le chemin est très clair, mais qu'on a interrompus quelque part dans leur mission ; ils n'ont donc d'autre solution que celle d'éliminer ce qu'ils conçoivent comme des obstacles.

Il s'agit d'une forme nouvelle de survie. Quand vous et moi étions jeunes, il nous arrivait d'avoir ce genre de pensées, mais nous les éliminions vite, car nous en avions peur. Les enfants d'aujourd'hui ne connaissent pas la peur.

Ils sont sans peur parce qu'ils savent qui ils sont.

Ils ont confiance en eux-mêmes.

Explorons d'autres aspects, si vous le voulez. À votre avis, quand a-t-on commencé à observer des enfants indigo et quel en est le pourcentage global ?

Je crois que 90% des enfants de moins de dix ans sont des indigos. Je ne saurais vous dire quand ils sont apparus pour la première fois, mais je sais cependant quand j'ai commencé à constater le phénomène. Mon livre *Understanding Your Life Through Color* paraissait en 1986 ; par conséquent, mes observations ont dû débuter en 1982. En fait, j'avais remarqué ce phénomène bien avant, mais je n'avais pas mis de mots sur cette manifestation. Il m'a toutefois fallu attendre jusqu'en 1985 pour constater qu'ils étaient là pour y rester.

Y a-t-il différents types d'enfants indigo et, dans l'affirmative, quels sont-ils et quelles en sont les caractéristiques ?

On retrouve quatre types distincts et chacun d'eux joue son rôle :

L'HUMANISTE

C'est celui qui travaillera avec le public. On retrouvera ici les futurs médecins, avocats, enseignants, vendeurs, hommes d'affaires et politiciens. Ils seront au service de la masse et ils sont fréquemment hyperactifs. Extrêmement sociables, ils parlent à tout le monde, n'importe quand, n'importe où, bref, ils sont amicaux. Ils ont aussi des opinions très solides. Comme je l'ai mentionné, leurs comportements sont souvent inhabituels et se caractérisent par une hyperactivité et une énergie inépuisable. Ils ne peuvent pas se contenter d'un seul jouet ; ils doivent les sortir tous, qu'ils s'en servent ou pas. C'est le genre d'enfant à qui vous devez rappeler souvent qu'il doit ranger sa chambre parce qu'il se laisse distraire. Il va effectivement dans sa chambre et commence à mettre de l'ordre... jusqu'à ce qu'il tombe sur un livre. Alors là, il s'assied et lit parce qu'il dévore tout ce qui lui tombe sous les yeux.

Hier, dans l'avion, un petit indigo d'environ trois ans s'embêtait. Sa mère lui a donné la brochure des règles de sécurité. Il l'a ouverte et a regardé les images. Il est resté là, assis, tout sérieux, absorbé par sa lecture pendant cinq minutes. Il ne savait pas lire, j'en suis certaine, mais il croyait qu'il lisait. C'est ça l'indigo humaniste.

LE CONCEPTUEL

L'indigo conceptuel s'intéresse plus aux projets qu'aux personnes. Ces enfants sont les ingénieurs, les architectes, les designers, les astronautes, les pilotes et les officiers militaires de demain. Ils sont physiquement agiles et souvent très sportifs. Ils ont tendance à contrôler les autres, particulièrement leur mère s'il s'agit de garçons, alors que les filles cherchent à manipuler leur père. Si les parents ne corrigent pas cette tendance, elle peut engendrer de graves problèmes. Ce type d'enfant a une propension aux dépendances, surtout à la drogue pendant l'adolescence. Les parents doivent donc être vigilants et surveiller étroitement ses comportements. Lorsque l'enfant interdit l'accès à sa chambre, c'est à ce moment-là qu'une inspection s'impose.

L'ARTISTE

L'indigo artiste démontre beaucoup plus de sensibilité et est souvent de plus petite taille, bien que ce ne soit pas la règle. Les arts intéressent ces enfants qui sont créatifs et seront les enseignants et les artistes de demain. S'ils plongent dans le domaine artistique, ils développeront davantage l'aspect création. S'ils choisissent la médecine, ils deviendront chirurgiens ou chercheurs. Aux beaux-arts, ils opteront pour le métier de comédien. On voit même parfois ces enfants explorer quinze activités artistiques différentes entre quatre ans et dix ans. Ils s'y intéressent pendant quelque temps, puis les laissent tomber. Voilà pourquoi je conseille aux mères d'artistes ou de musiciens de louer les instruments de musique au lieu de les acheter. L'artiste indigo peut explorer cinq ou six instruments puis, à l'adolescence, choisir de se spécialiser dans l'un de ces domaines et y réussir.

L'INTERDIMENSIONNEL

Enfin, il y a le quatrième type, l'indigo interdimensionnel. Ces enfants sont plus costauds que les types précédents et déjà à un an ou deux, vous ne pouvez rien leur dire. Ils vous répondent : « Je sais cela, je suis capable de faire cela. Laisse-moi tranquille ! » Ce sont eux qui instaureront les philosophies et les religions nouvelles. Ils peuvent être de véritables petites brutes parce qu'ils sont beaucoup plus forts et ne s'intègrent pas comme les autres types.

Au cours des vingt prochaines années, les différentes couleurs vitales évolueront. L'indigo humaniste représentera ou remplacera le jaune et le violet, le conceptuel, le vert et le violet, tandis que le bleu et le violet seront remplacés par la couleur de l'indigo artistique. L'interdimensionnel, pour sa part, remplacera le violet. De toute évidence, on observe le violet dans les quatre types d'indigo.

Seront-ils intuitifs ?

Je vais vous raconter un incident survenu ce matin. Une de mes amies avait amené son petit-fils de quatre ans voir le Père Noël, à Santa Barbara. Après cette visite, elle a invité sa belle-fille et le petit Zacharie au restaurant. La mère du petit garçon ne cessait de vanter les bonnes notes scolaires de son fils, ses prouesses en natation et rapportait avec fierté les éloges du professeur, qui s'émerveillait de sa facilité à apprendre et des belles pirouettes qu'il réussissait parfaitement. Cet enfant n'a peur de rien.

Ils se sont donc rendus dans un très bon restaurant et s'apprêtaient à savourer le dessert, une énorme mousse au chocolat, que Zacharie attendait avec impatience. La mousse est donc enfin arrivée avec tambour et trompette et après qu'elle eut été déposée au centre de la table, chacun reçut une cuillère. Les yeux de Zacharie étaient comme de grosses billes et il se mit à rire en tirant le délicieux dessert devant lui puis il commença à le déguster sans attendre. Il était là, à manger bien tranquillement. Sa mère lui a alors demandé : « Zacharie, sais-tu ce que signifie être courageux ? » Il a déposé sa cuillère, a froncé les sourcils, l'a regardée et a répondu : « Oui, je le sais. »

« Que crois-tu que cela signifie ? » lui a-t-elle demandé encore.

« Que j'ai confiance en moi », a répondu Zacharie.

Voilà ce que le mot courage signifie pour ce petit garçon de quatre ans. La réponse de Zacharie était claire. Ces enfants ont effectivement confiance en eux. Si vous essayez de leur dire qu'ils ont tort quand ils sont sûrs de ce qu'ils font, ils savent alors que vous ne savez pas de quoi vous parlez. Je suggère donc aux parents d'établir des limites tout en évitant les formulations négatives.

Par exemple, vous pouvez leur dire : « Bon, pourquoi ne m'expliques-tu pas la raison pour laquelle tu veux faire cela ? Assoyons-nous et parlons-en. Que crois-tu qu'il arrivera ? » Faites-le un peu comme un jeu. « Qu'arriverait-il si tu faisais cela ? » Quand l'enfant vous répond, demandez-lui comment il s'y prendrait. Il vous le dira clairement.

Pour entretenir ce genre d'échange, l'enfant doit être jeune. Autrement, il refusera de participer ou de parler, à moins d'être du type humaniste.

Qu'entendez-vous par jeune ? À quel âge faites-vous référence ?

En fait, vous leur parlez ouvertement dès qu'ils commencent à s'exprimer. Amenez-les à verbaliser leurs pensées.

Et quand ils ne sont encore que des bébés ?

Adoptez la même attitude ; parlez-leur, racontez-leur ce que vous faites. Exprimez-leur votre pensée, expliquez-leur ce que vous faites : « Je vais te mettre une couche toute propre, tu en as vraiment besoin pour empêcher ta peau de gercer. Alors, tu seras content et maman le sera aussi. Tu ne pleureras pas et moi, je n'aurai plus à me faire du souci ; nous serons heureux tous les deux, n'est-ce pas ? Allons, viens, je vais changer ta couche. »

Vous avez soulevé un autre point important : le fait de parler à l'enfant comme à un adulte dès qu'il commence à s'exprimer.

Leur parler en langage de bébé les fait sortir de leurs gonds. Pour eux, les rides ou les cheveux gris ne commandent pas le respect ; avec les enfants indigo, vous devez gagner ce respect.

Aimeriez-vous partager d'autres points avec les lecteurs sur cet intéressant sujet ?

J'ai envie d'ajouter : Écoutez-les tout simplement, suivez votre intuition et laissez tomber toute attitude autoritaire. Soyez attentifs aux besoins qu'ils vous expriment et prenez le temps de leur expliquer pourquoi vous refusez ceci ou pour quelle raison il est bon qu'ils aient cela. En fait, tout ce dont vous avez besoin, c'est de l'écoute, tout simplement : les enfants indigo démontrent une grande ouverture.

Donc, être vraiment présents.

Tout à fait. S'ils se sentent maltraités, ils iront le rapporter à leur professeur ou ils appelleront carrément la police ou feront le 911. Ils sont débrouillards. Vous avez certainement entendu parler de ces nombreux cas où des enfants de deux ou trois ans ont sauvé leurs parents en composant le 911 ou ont posé des gestes du genre. Ils comprennent ce qui se passe et s'ils se sentent victimes d'abus, ils iront tout droit aviser les autorités. Ils le feront, et de savoir cela nous dérange d'ailleurs.

Quand je pense à eux, j'imagine un arc-en-ciel nous reliant.

Vous avez raison. Je les appelle les ponts qui relient la troisième dimension à la quatrième. La troisième dimension est celle de la raison ou de la pensée tandis que la quatrième est celle de l'être, c'est-à-dire qu'ici, nous parlons de l'amour, de l'honneur, de la paix, du bonheur. Nous avons beaucoup de belles idées mais nous les mettons rarement en pratique, et c'est là le problème. Il faut tout de même admettre que nous nous améliorons, mais c'est dans la quatrième dimension que nous parviendrons à la pratique. Nous commençons à prendre conscience de la futilité de la guerre et à comprendre qu'écraser ceux qui nous dérangent est tout simplement une autre façon de nous tuer nous-mêmes. Les enfants indigo savent déjà cela.

Lorsque j'ai fait mon premier atelier pour indigo, parents et enfants y participaient. Il y avait des gardiennes pour les enfants et chacune avait la responsabilité de quatre d'entre eux. L'après-midi, nous les amenions dans la grande salle et ainsi les parents pouvaient les voir agir et poser des questions. N'ayant pas d'ordinateur, nous avions placé une machine à écrire électrique sur le sol, en plein milieu de la pièce, et les autres jouets tout autour. Comme je l'ai déjà mentionné, les enfants d'aujourd'hui sont branchés sur l'électronique. Alors un enfant s'est assis devant la machine à écrire et tous les autres ont spontanément cessé de jouer. C'était une expérience assez amusante.

Donc, un enfant venait jouer avec l'appareil tandis qu'un autre s'assoyait à côté de lui et l'observait. Au bout d'un moment, celui qui était à la machine se levait et partait. Le deuxième se dépêchait à prendre la relève tandis qu'un autre enfant du groupe allait s'asseoir et l'observait à son tour. Le jeu s'est poursuivi de cette façon comme s'ils avaient fait la file, une file invisible.

C'est vrai, les enfants indigo n'aiment pas faire la file.

Effectivement, et les parents voyaient bien ce qui se passait. Des quinze enfants présents, un seul est allé retrouver son père ou sa mère pour se faire cajoler. Les autres ne portaient aucune attention à leurs parents.

En quelle année cela s'est-il passé ?

Si ma mémoire est bonne, c'était en 1984. Tout ce que ces enfants attendent de nous, en fait, c'est que nous les respections comme il se doit et que nous les traitions comme des êtres humains sans faire de différence entre adultes et enfants.

Laissez-moi vous raconter une autre anecdote à propos de mon petit-fils. Même à huit ans, ma fille ne lui permettait pas de jouer avec des armes et lui interdisait d'avoir des fusils, des jeux, des jouets de guerre ou des appareils électroniques. Ce jour-là, j'étais dans la salle de bain en train de me coiffer. Colin avait trois ans à cette époque. J'avais alors deux fers à friser : un chaud et l'autre que je n'utilisais pas, qui était froid. Il a pris le second, l'a pointé comme un fusil en faisant « bang-bang ! »

Alors, j'ai saisi le mien et, à mon tour, j'ai fait « bang-bang ! ». Nous nous sommes ensuite mis à courir partout dans la maison en lançant des « bang-bang-bang ! ». Ma fille m'a dit : « Maman, tu n'es pas censée jouer à cela avec lui », ce à quoi j'ai répondu : « C'est lui qui a commencé. » Ce jour-là, nous avons eu beaucoup de plaisir tous les deux.

Il avait huit ans quand il est venu me retrouver un jour en me demandant : « Mamie, tu sais ce que je veux pour Noël ? » « Non, quoi, chéri ? » lui ai-je répondu. « Je veux un Nintendo. » Les dents serrées, ma fille m'a alors marmonné : « C'est hors de question ! » Je riais et me disais : « Tu sais, je suis sa grand-mère et il m'a commandé son cadeau de Noël, il faudra bien que tu t'y fasses. » Comme je devais partir en voyage, j'ai acheté le Nintendo en question et je suis partie quelques jours après.

À mon retour, deux mois plus tard, ma fille m'a téléphoné pour me dire : « Maman, je ne sais comment te remercier d'avoir acheté ce jeu électronique à Colin. » « Oh oui, j'en suis certaine », lui dis-je. « Non, je t'assure, maman, je suis sérieuse, je te remercie sincèrement parce que cela m'a permis de constater combien il y était attaché. J'ai aussi compris que je devais assumer mes responsabilités. J'ai donc décidé de négocier du temps Nintendo : je lui ai dit que s'il accomplissait ses tâches à temps, il pourrait jouer tant de minutes. Depuis quelque temps, je recevais presque tous les jours des notes de non-participation à l'école. J'ai donc conclu un marché avec lui : quand il se montrerait coopératif en classe, il aurait droit à dix minutes de Nintendo, et chaque fois que ses notes monteraient d'un point, il gagnerait tant de minutes de jeu. Au contraire, quand ses notes baisseraient, il se verrait retirer du temps de jeu.

Eh bien, quand il revenait de l'école, il faisait ses tâches et demandait s'il pouvait faire autre chose. Ma fille lui disait : « Bon, tu pourrais faire ceci. » Il demandait alors combien de minutes Nintendo ce travail lui rapporterait. En mathématiques, ses évaluations sont passées de D à A. Deux semaines plus tard, son institutrice a téléphoné, essayant de comprendre ce qui arrivait ; elle ne reconnaissait plus Colin. Après que Laura lui eut raconté l'histoire du Nintendo, elle dit : « Pour l'amour de Dieu, continuez, c'est mon meilleur élève ! » À la réunion de parents, l'institutrice rapporta que Colin allait souvent la voir pour lui demander s'il pouvait se rendre utile, offre qu'il répétait encore avant de quitter l'école. Après avoir terminé son travail, il rentrait à la maison raconter à sa mère ce qu'il avait fait et il évaluait à combien de minutes Nintendo il avait droit. Maintenant, il n'obtient que des A.

Beaucoup dénigrent Internet et en dénoncent les dangers. Je crois que si les parents ont toujours communiqué avec leurs enfants et démontré une ouverture d'esprit en leur enseignant à effectuer des choix, ceux-ci agiront correctement. Ils sont intelligents mais ils sont comme nous : nous faisons parfois des choix stupides pour répondre à nos besoins. Donc, si nous les encadrons bien, ils feront les bons choix. Ce sont de merveilleux enfants !

Tout cela est-il vrai ?

Les gens qui « perçoivent » les couleurs ne vous intéressent peut-être pas particulièrement. Les rapports et les opinions qui suivent proviennent de trois détenteurs de doctorats, d'un enseignant, ainsi que d'un auteur, également éditeur. Tous nous parlent des enfants indigo.

Les classifications des différents types d'indigo que Nancy a élaborés confirment-elles ce que voient ces professionnels ? Dr Barbra Dillenger croit que oui.

Barbra Dillenger, Ph.D., consacre la majeure partie de son temps à la consultation. Elle est spécialiste de la nature humaine et concentre ses efforts à aider les autres à découvrir le sens de la vie, leur raison d'être et les leçons que leur offre la vie. Elle voit les changements et connaît les types d'êtres humains ; elle sait comment cette classification peut amener les personnes à découvrir qui elles sont. Elle a bien perçu les enfants indigo et accepte volontiers de nous donner cette information. Nous tenons à la remercier de sa généreuse collaboration.

À PROPOS DES ENFANTS INDIGO
par Barbra Dillenger, Ph.D.

Comme l'observation de Nancy Ann Tappe le lui a fait découvrir, il existe quatre types d'enfants indigo : l'humaniste, le conceptuel, l'artiste et finalement, le type le plus rare, l'interdimensionnel. Bien que leur comportement ait des traits communs, ils présentent toutefois certaines caractéristiques particulières. Voici une expérience vécue par trois de ces enfants, dont un artiste, un humaniste et un conceptuel.

L'artiste : histoire d'une mission

Travis est un artiste extrêmement doué pour la musique. Déjà, à quatre ans, il donnait son premier concert de mandoline. À cinq ans, il avait son groupe de jeunes musiciens indigo, et à neuf ans, après avoir gagné des concours nationaux, il enregistrait avec son groupe son premier disque compact. À quatorze ans, l'une des pièces de son album solo était parmi les dix plus grands succès. C'est lui qui avait écrit, arrangé et interprété toutes les chansons de cet album. D'ailleurs, le critique musical du *Chicago Tribune* le considère comme le Mozart de la mandoline. L'incident suivant est survenu lors de l'un de ses récitals.

Mon mari et moi nous étions déplacés spécialement pour l'entendre jouer devant un auditoire d'environ 3000 personnes. Tandis que j'étais dans la salle des toilettes, j'ai surpris une conversation entre deux dames. L'une d'elles racontait que son mari avait insisté pour l'amener à cette soirée, certain que cela la consolerait. Elle venait de perdre son enfant, deux semaines après sa naissance, et portait encore des vêtements de maternité. J'étais vraiment désolée pour elle.

Entre-temps, Travis est monté sur scène. À la fin spectacle, il interpréta une chanson intitulée *Press On,* qu'il avait composée à neuf ans et qui racontait le décès de son grand-père. C'est d'ailleurs l'une de mes favorites ; elle traite des nombreuses expériences de la vie et de la manière dont nous devons poursuivre notre route, avec l'aide de Dieu. Après l'ovation finale, je vis de nouveau cette dame que j'avais croisée dans les toilettes ; elle parlait à Travis et lui disait, les larmes aux yeux : « La dernière chanson que tu as interprétée m'a aidée à guérir. Merci ! Je suis si contente d'être venue ce soir. »

Travis la remercia puis, une fois qu'elle eut quitté, il se tourna vers son guitariste et lui dit en véritable jargon d'adolescent : « On continue, les gars, c'est pour ça qu'on est là ! » Cela m'a vraiment fait chaud au cœur et j'ai remercié la vie. Il joue et compose encore à l'âge vénérable de… 17 ans. C'est vraiment une étoile indigo qui connaît sa mission.

L'humaniste ou une histoire de discipline familiale

Todd est un indigo du type humaniste. Un jour qu'il était en visite chez sa grand-mère, un fâcheux incident est survenu. Sur le lit de la grand-mère reposait un pierrot musical au visage de porcelaine. C'était sa poupée préférée ; son époux la lui avait offerte. La mine triste du pierrot rappelait à Todd un événement de son passé ; c'est pourquoi il s'acharna sur la tête de la poupée qu'il réduisit en mille miettes. La grand-mère était visiblement secouée, et l'enfant de trois ou quatre ans n'éprouvait de toute évidence aucun remords. Après s'être remis de son choc et avoir assis son petit-fils sur le divan, elle lui demanda d'une voix tremblotante :

« Quel est ton jouet préféré ? »

« La voiture de police », lui répondit Todd.

La grand-mère lui demanda alors si elle pouvait venir chez lui et casser sa voiture de police.

« Non », ajouta-t-il, les yeux ronds comme des billes.

« Eh bien, ici, c'est la maison de grand-papa et de grand-maman et on n'y brise pas les objets. » Elle ajouta : « Nous voulons de la joie dans cette maison. Alors si tu étais grand-mère, que dirais-tu à Todd en ce moment ? »

Il réfléchit quelques instants et lança : « J'ai probablement besoin d'aller réfléchir. » Todd se retira dans une autre pièce, loin des invités qui commençaient à arriver, ferma la porte et y resta assis, seul. Quelques minutes plus tard, la grand-mère alla le retrouver et lui parla de la colère, de la peur et de la façon positive d'exprimer ses sentiments, dans un langage qu'il pouvait comprendre, bien sûr. On peut voir comment réagit l'humaniste, qui en fait aime les gens et la liberté et qui, malgré son jeune âge, est capable de choisir de s'isoler pour prendre du recul. Cette réclusion qu'il s'était imposée lui semblait une juste conséquence de son comportement inapproprié.

Une amie de la grand-mère lui a offert une nouvelle poupée, un ange au visage en chiffon cette fois.

Le conceptuel ou l'histoire d'un garçon qui avait besoin de changement

Tim est un jeune garçon de douze ans qui s'est présenté un jour à mon bureau avec sa mère. Il refusait d'aller à l'école parce qu'il trouvait que c'était une perte de temps et détestait particulièrement le cours d'anglais. Je crois d'ailleurs que sa mère s'attendait à ce que je le convainque de retourner à l'école. Tim est un indigo conceptuel et s'intéresse beaucoup à l'informatique. Je lui ai donc demandé pourquoi il n'aimait pas l'anglais.

Il m'a répondu : « La prof est stupide, elle veut me faire lire Huck Finn. » Je lui ai laissé entendre qu'effectivement, il pourrait être plus malin que ses professeurs mais que ceux-ci pouvaient sûrement lui enseigner des choses. Je lui ai rappelé que l'anglais est une matière obligatoire et qu'il existe d'autres façons d'apprendre. Ensuite, je lui ai demandé comment il allait résoudre la situation.

Immédiatement, il a trouvé sa réponse : il m'a confié que lui et quelques amis qui détestaient aussi le cours d'anglais avaient formé un cercle d'études et qu'ils se voyaient après l'école. De toute évidence, ils n'avaient aucun intérêt pour Huck Finn et avaient opté pour Internet. Ils cherchaient un superviseur qui les guiderait à l'école, à la fin des cours. Je lui ai dit que c'était là une excellente idée. La mère est restée bouche bée lorsque je lui ai proposé d'appuyer cette solution et d'aider son fils à trouver un bon superviseur.

Tim s'est alors senti compris et s'est détendu. Il est certain que cette proposition n'a pas réglé tous ses problèmes scolaires, mais Tim a remplacé son cours d'anglais par un cours d'Internet et, ce qui importe le plus, il est retourné à l'école. Ses brillantes idées démontrent qu'on peut introduire des changements dans les structures scolaires encore souvent trop rigides et autoritaires qui ne rendent certainement pas service aux ingénieux indigo. Curieusement, sa mère est devenue une fervente militante de la réforme du système d'éducation.

✧ ✧ ✧

Sont-ils plus éveillés que nous l'étions ?

Un autre phénomène est aussi relié aux enfants indigo. Il est connu que tous les parents pensent que leur enfant est plus brillant que les autres. Ce n'est donc pas insensé de le croire puisque les faits le confirment maintenant. Par contre, il est peut-être temps d'adopter de nouveaux paramètres d'évaluation.

Avez-vous l'impression que votre petit dernier est plus éveillé que vous l'étiez ou que le sont ses frères et sœurs plus âgés ? Plutôt que de considérer ces petits « génies » comme des problèmes, nous devrions les voir comme des atouts. En fait, comment savoir si ce sont vraiment eux qui sont dysfonctionnels ? Je parie que vous vous êtes déjà demandé si ce ne sont pas plutôt les écoles qui ne savent pas gérer ce nouveau phénomène. Les enfants indigo sont-ils en général plus dégourdis que nous l'étions à leur âge ? Avons-nous raison de penser que les enfants d'aujourd'hui sont dotés d'une intelligence et d'une sagesse différentes ?

C'est à tout le moins une question que nous devrions regarder de plus près. Vous avez sans doute lu ou entendu parler des rapports faisant état de la dégradation des résultats scolaires au primaire partout au pays. Heureusement, les apparences sont souvent trompeuses, et ce qui suit devrait vous amener à réfléchir sur la question et vous démontrer qu'il s'agit bien d'un phénomène universel.

Il est évident que notre système d'éducation n'est plus à la hauteur des capacités mentales de ces enfants et qu'il n'arrive plus à poser un diagnostic sur cette situation. Voici un extrait de *The Rising Curve: Long-Term Gains in IQ & Related Measures*[4].

> On déplore un peu partout le déclin des aptitudes scolaires et l'échec du système éducatif à préparer nos enfants à faire face aux différentes situations de la vie. Cependant, les découvertes des psychométriciens devant cette tendance viennent contredire cette sombre constatation. En fait, on a observé, d'une part, une augmentation étonnante du quotient intellectuel au cours des cinquante dernières années. D'autre part, on

> remarque que l'écart entre les résultats scolaires des élèves de race blanche et ceux des minorités rétrécit de plus en plus. Cette tendance, surnommée « effet Flynn » en l'honneur de James Flynn, le premier à écrire sur le sujet, est le point central de ce livre assez provocateur. Peut-on comparer les Q.I. de deux générations ? Quels sont les facteurs environnementaux qui affectent le plus le quotient intellectuel ? Quel type d'intelligence les tests psychométriques mesurent-ils en réalité ? Des experts en nutrition, en psychométrie, en sociologie, de même qu'en psychologie cognitive et sociale ainsi qu'en psychologie du développement reconsidèrent « l'effet Flynn » tout comme l'hypothèse dysgénique que Charles Murray a rendue populaire dans son livre *The Bell Curve*. Bref, un ouvrage destiné à ceux qui s'intéressent aux plus récentes recherches sur l'intelligence et les modes d'évaluation.

Abordons maintenant les caractéristiques du quotient intellectuel des enfants indigo et leur intelligence. Il nous fait plaisir de vous présenter l'une des personnes-ressources qui ont collaboré à la rédaction de ce livre, le docteur Doreen Virtue[5], qui éprouve une véritable passion pour les enfants. C'est une auteure à succès reconnue partout aux États-Unis pour ses deux livres, *The Lightworker's Way* et *Divine Guidance*. Elle a été citée dans plusieurs revues nationales pour sa philosophie et ses études approfondies rassemblant des preuves solides sur une réflexion qui, jusqu'ici, était restée sans fondements scientifiques. Nous la retrouverons également aux chapitres 2, 3 et 4.

DOUÉS OU DÉRANGÉS ?

par Doreen Virtue, Ph.D.

Nous savons que les enfants indigo apportent en ce monde un coffre à trésors. Beaucoup d'entre eux sont des philosophes qui connaissent le sens de la vie et la façon de sauver la planète. Ils sont aussi doués pour les sciences, les inventions et les arts. Malheureusement, notre société branchée sur l'ancienne énergie étouffe leurs talents innés.

On les considère souvent comme des enfants ayant des problèmes d'apprentissage, selon le National Foundation for Gifted and Creative Children[6], un organisme à but non lucratif, non sectaire, dont l'objectif principal est de venir en aide à ces enfants spéciaux. De l'avis des dirigeants de cet organisme, le système d'éducation publique est en train de détruire un grand nombre d'entre eux, identifiés à tort comme ayant un déficit de l'attention et démontrant de l'hyperactivité. De plus, de nombreux parents ne soupçonnent même pas les talents qui sommeillent en leur enfant.

Voici, selon eux, les caractéristiques qui vous permettront de savoir si votre enfant est doué :

Il démontre une très grande sensibilité.

Il semble avoir une source d'énergie inépuisable.

Il s'ennuie facilement et semble parfois avoir une faible capacité de concentration.

Il a besoin de stabilité émotive et de la présence d'adultes sécurisants.

Il montre de la résistance face aux autorités non démocratiques.

Il privilégie certaines méthodes d'apprentissage, surtout en lecture et en mathématique.

Il peut facilement éprouver de la frustration lorsqu'il ne trouve pas de personnes-ressources pour accueillir ses grandes idées et l'aider à les mener à terme.

Il apprend par l'exploration et refuse d'étudier par la méthode du « par cœur » ou d'être simple auditeur.

Il ne peut rester assis tranquillement à moins d'être absorbé par une activité qui l'intéresse.

Il démontre beaucoup de compassion et éprouve de la crainte devant la mort ou la perte d'êtres chers, entre autres.

Il peut abandonner et subir des blocages permanents sur le plan de l'apprentissage, s'il a essuyé des échecs tôt dans sa vie.

Cette description ne ressemble-t-elle pas étrangement à celle des enfants indigo ? Cet organisme rejoint les découvertes que nous avons faites à l'effet que ces enfants pleins de talents peuvent aussi se replier sur eux-mêmes lorsqu'ils se sentent menacés ou rejetés ; ils peuvent même sacrifier leur créativité afin d'éprouver un sentiment d'appartenance. Un grand nombre ont un quotient intellectuel élevé, mais souvent, les tests révèlent aussi une créativité étouffée.

Kathy McCloskey, Ph.D., fait également partie de nos conseillers scientifiques sur le sujet. Son expérience et les nombreux cas qu'elle a traités en font une collaboratrice que nous apprécions grandement.

LES NOUVEAUX SUPER ENFANTS
par Kathy McCloskey, Ph.D.

L'année dernière, j'ai effectué des évaluations psychologiques au centre de santé mentale de mon quartier auprès de trois enfants que j'identifie clairement comme des indigo. Ils m'étaient tous trois recommandés par une psychologue pour enfants de ce centre intriguée par les rapports des parents et des éducateurs relatifs aux comportements et aux problèmes d'attention de ces enfants. À son cabinet, ils présentaient peu ou pas de symptômes bien que les adultes qui les côtoyaient ne cessaient de rapporter qu'ils étaient incontrôlables, soit à la maison, soit à l'école, soit aux deux endroits.

Cette psychologue, que j'appellerai Amanda, aborde toujours ses jeunes clients avec amour et respect. Elle refusait de traiter ces rapports à la légère étant donné qu'elle n'avait pas rencontré ce genre de problèmes auparavant. Elle exigea donc une évaluation en bonne et due forme.

Le premier cas fut celui d'une jeune Caucasienne de quatorze ans. L'adolescente avait subtilisé la voiture de ses parents, sans permission et sans permis de conduire, et était allée se balader au centre commercial près de chez elle. Elle avait dû reprendre son année scolaire à cause de ses faibles résultats et était rejetée par ses pairs et ses professeurs en raison, notamment, de son physique plus développé et de ses allusions désobligeantes. De plus, en présence de ses parents, elle devait toujours avoir le dernier mot et ces derniers avouaient ne plus savoir à quel saint se vouer. Les résultats des tests furent révélateurs : 129 de Q.I. pour les aptitudes verbales, 112 pour les aptitudes spatio-visuelles (69 et moins indique une déficience, 70 à 79 détermine la limite de la déficience, 80 à 89 indique une moyenne faible, 90 à 109 signifie moyen, 110 à 119, moyen supérieur et 120 à 129, supérieur). Enfin, un résultat de 130 et plus indique un quotient très supérieur. Tous les résultats de ses tâches linguistiques touchant les connaissances scolaires se situaient dans la moyenne verbale supérieure. Ses résultats les plus faibles la classaient dans la moyenne selon sa catégorie d'âge et son niveau de scolarité.

En d'autres mots, elle ne manifestait de faiblesse dans aucune tâche ; au contraire, dans l'ensemble, elle affichait des résultats supérieurs à ceux des jeunes de son âge, autant par rapport à ses aptitudes cognitives qu'à ses connaissances scolaires, et cela, malgré le fait qu'elle avait perdu une année d'école. Comment expliquer cela ?

On avait prescrit du Ritalin et du Cylert à cette jeune fille, deux des médicaments les plus courants dans les cas de problèmes d'attention et d'hyperactivité, mais sans succès. D'après ses parents, elle était comme cela depuis toujours et tout ce qu'ils avaient essayé avait échoué. Lorsque j'ai parlé avec elle, il m'a semblé évident que cette jeune fille réagissait avec la maturité d'un adulte, et cette attitude transparaissait sur son visage et dans ses yeux. Comme le diraient certains, elle semblait être une vieille âme. Le problème était qu'elle seule le savait.

Les tests et les entrevues que nous lui avions fait subir ne nous ont laissé aucun doute à Amanda, sa nouvelle conseillère, et à moi. Grâce à l'intervention des parents, elle bénéficie maintenant d'un environnement scolaire spécial où l'apprentissage est individualisé. Ce ne fut pas facile, car il leur a fallu obtenir une subvention pour l'inscrire à cette institution reconnue pour son efficacité mais dont les coûts sont très élevés. Depuis ce temps, tout va pour le mieux ; ses parents, ayant compris ce qui se passait, restent ouverts et reconnaissent la jeune fille talentueuse et ce cadeau particulier que représente un enfant indigo.

Le deuxième enfant qui me fut confié était un Afro-Américain de neuf ans. Il avait été adopté trois ans auparavant par ses deux pères afro-américains. Ceux-ci se plaignaient de l'hyperactivité de leur fils, qui bougeait sans cesse, incapable de rester assis, et des récents rapports de ses professeurs qui faisaient état de son attitude perturbante en classe. En effet, il ennuyait les autres élèves, répondait inopinément aux questions, quittait son siège sans permission, et ainsi de suite. Les parents craignaient donc l'apparition d'un déséquilibre chez leur fils étant donné que l'un des parents biologiques du garçon était narcomane.

Ils se demandaient également si leur fils ne subissait pas les contrecoups de l'instabilité qu'il avait connue à la maison et à l'école, car il avait passé la plus grande partie de son enfance d'une famille d'accueil à une autre. Ses éducateurs leur avaient suggéré les médicaments recommandés dans les cas de déficit de l'attention et d'hyperactivité mais les deux pères voulaient vraiment comprendre ce qui se passait avant d'adopter des mesures draconiennes.

Bien que les tests du garçon démontraient un niveau supérieur quant aux aptitudes verbales et aux tests de performance de Q.I., dont les résultats respectifs étaient de 116 et de 110, ils étaient plus faibles que ceux des doués. Par contre, deux des sous-tests, celui des connaissances des normes et des règles sociales ainsi que celui des habiletés cognitives abstraites, le classaient au niveau supérieur. Par ailleurs, les résultats scolaires atteignaient le niveau supérieur dans toutes les matières, ce qui nous amenait à conclure qu'il s'agissait d'un « hyperperformant ». J'ai tendance à croire que les résultats des tests scolaires étaient plus révélateurs que ceux du Q.I. On observe souvent ce genre de situation lorsqu'un enfant a vécu sa petite enfance dans un milieu perturbateur ou peu stimulant, comme c'était le cas pour ce jeune garçon. Il est fort probable que les deux sous-tests donnaient une idée plus précise de son potentiel et de ses aptitudes réelles.

Voilà donc un autre enfant qu'on avait qualifié d'hyperactif alors qu'en réalité ses aptitudes intellectuelles se situaient bien au-delà de la moyenne. Une fois de plus, le véritable problème était l'école, qui ne reconnaissait pas le talent de l'enfant. Comme dans le cas précédent, il était clair que les relations interpersonnelles du garçon révélaient une grande maturité et une intelligence supérieure qu'on pouvait d'ailleurs lire dans son expression et dans ses yeux. Lui aussi avait la sagesse d'une vieille âme.

Que peut-on faire pour ces enfants qui semblent avoir une source d'énergie inépuisable ? À la maison, ses parents avaient mis en place une structure où les règlements, clairement définis, avaient été établis avec la participation de l'enfant. Ils avaient trouvé des exutoires à la mesure de son énergie physique, par exemple en lui permettant de mimer certaines leçons, en utilisant l'expression corporelle, la répétition à haute voix, ou encore en l'encourageant à se bercer ou à mémoriser une matière en se tenant sur un seul pied, en interprétant les rôles des personnages d'histoires, etc. Ils ont donc accepté de suggérer ces nouveaux genres de « leçons » aux enseignants. Il faut dire qu'il nous a fallu un certain temps pour trouver la façon idéale de les aborder, voulant éviter que ces derniers ne soient sur la défensive ou qu'ils n'aient l'impression que nous voulions leur dire comment ils devaient enseigner.

Le troisième cas était celui d'un Afro-Américain de huit ans qui paraissait bien plus jeune que son âge. Il vivait avec sa mère biologique, son beau-père ainsi que son demi-frère de dix-huit mois. Sa mère l'avait amené à Amanda parce qu'à deux reprises, les policiers l'avaient raccompagné à la maison après qu'il eut fugué de l'école, voulant retourner auprès de sa mère. Depuis un certain temps, il disait vouloir mourir et que bientôt, il se suiciderait. Quand on lui demandait de quelle manière il s'y prendrait, il secouait la tête et baissait les yeux.

Cet enfant, tout comme son très jeune frère d'ailleurs, m'avait vraiment bouleversée. À bien des égards, j'éprouvais le sentiment que mon travail auprès des deux jeunes indigo précédents m'avait préparée à la rencontre des deux enfants maintenant devant moi. Calme, celui de huit ans me regarda droit dans les yeux et me confia que ce n'était pas la peine de vivre si sa mère ne pouvait lui témoigner son amour et qu'il regrettait d'être ici-bas. Je retrouvais la même expression chez son frère cadet, et bien que celui-ci ne parlait pas encore, son regard plongea longuement en moi. J'aurais juré que cet enfant était en train de me dire, par ses gestes, que je ne devais pas révéler ses secrets. C'était incroyable !

Leur mère me raconta que l'aîné avait l'habitude de prendre soin de son demi-frère et semblait très bien savoir s'y prendre, sans même qu'on lui ait montré ou dit quoi que ce soit. Elle ajouta, cependant, qu'à part l'attention qu'il démontrait envers son petit frère, c'était une véritable peste. Déjà, au préscolaire, il manifestait de l'hyperactivité : il ripostait toujours, devait faire les choses à sa manière, et manipulait tout le monde comme s'il sentait la façon dont les autres voulaient être perçus, agissant en fonction de leurs attentes. Deux ans auparavant, la mère avait consulté un autre thérapeute, mais elle avait mis fin à la thérapie après que l'attitude de son enfant se fut améliorée. Maintenant, rien ne semblait faire effet, et c'est pourquoi elle voulait vraiment qu'on lui prescrive du Ritalin.

Elle me confia que son enfant avait la certitude que personne ne l'aimait, même si elle l'adorait. Elle ajouta que son plus jeune prenait beaucoup de son temps et que son mari n'intervenait jamais auprès des enfants. En plus, ils avaient dû déménager au moins une fois par an au cours des quatre dernières années et changer d'école autant de fois à cause du travail de son mari. Bien qu'elle aurait préféré rester à la maison pour s'occuper des enfants, leur situation financière l'obligeait à travailler à l'extérieur. Elle souhaitait que son mari s'implique davantage dans la vie de leurs fils, sachant combien l'aîné souffrait de l'absence de son « vrai » père, qui faisait de fréquents séjours en prison, et qu'il ne voyait pratiquement jamais.

Ni Amanda ni moi ne nous attendions aux résultats qu'il obtint. Ce petit garçon de huit ans avait un quotient intellectuel extrêmement élevé (supérieur à 130) dans tous les tests d'aptitudes et curieusement, ne se classait qu'au niveau moyen en écriture, toutes les autres matières révélant un Q.I. très élevé. Même si son apprentissage scolaire avait été souvent perturbé par les fréquents déménagements, que ses instituteurs et sa mère le trouvaient plutôt distrait à l'école et à la maison et qu'en fait, il n'entrait pas dans la catégorie de l'élève modèle ou du fils idéal, les résultats de ses évaluations cognitives et scolaires ne se retrouvent que dans un cas sur 10 000 chez les enfants de cet âge.

J'ai eu un avant-goût de ce que ses parents et éducateurs pouvaient vivre lorsque je l'ai rencontré la première fois, à mon bureau. Il a pris et examiné à peu près tous les objets qui s'y trouvaient, fouillant même dans mes tiroirs. À plusieurs reprises, je lui ai demandé de s'asseoir, mais en vain. J'ai donc opté pour une nouvelle tactique et je me suis adressée à lui comme si je parlais à un adulte, d'une voix calme et douce. Je lui ai avoué combien cela me dérangeait de le voir fouiner partout dans mes choses sans ma permission et que je ne sentais ni amour ni respect de sa part. Je lui ai demandé s'il lui était déjà arrivé que quelqu'un mette le nez dans ses affaires sans y être autorisé. Il me rapporta deux situations où cela s'était passé, l'une à la maison, l'autre à l'école. Il m'a présenté ses excuses, que j'ai bien sûr acceptées, et nous nous sommes serré la main comme le font des collègues.

Au cours des rencontres ultérieures, qui avaient lieu une fois par mois, il ne s'est plus jamais montré indiscret et a toujours été correct. Il était attentif, poli et travaillait fort durant les tests. Amanda avait vécu une situation semblable avec lui, l'avait traité de la même manière et avait obtenu des résultats identiques. En fait, le secret dans son cas était le respect. Une fois de plus, personne n'avait su reconnaître qui il était et ce qu'il était.

Amanda et moi tentons encore de trouver la meilleure façon d'aborder les parents, sur qui nous ne voulons pas jeter le blâme, conscientes que la mère fait de son mieux compte tenu des circonstances. Cependant, eux seuls peuvent modifier son environnement et l'aider à faire face aux exigences et aux limites du quotidien.

En résumé, voici deux caractéristiques importantes qui vous permettront d'identifier les enfants indigo :

1. Si l'on a cerné des problèmes chez un enfant, une évaluation s'impose.
   • Bien que tous les indigo ne se classent pas dans la catégorie des « doués » sur toute la ligne, la majorité démontrent une supériorité dans l'un ou l'autre secteur ou dans le sous-test de l'évaluation du Q.I.
   • Plus souvent qu'autrement, ils se situeront au moins au niveau moyen en ce qui a trait à leurs aptitudes dans les matières scolaires.

2. Si l'on croit qu'un enfant souffre d'un déficit de l'attention et d'hyperactivité, il y a fort à parier que ce soit un enfant indigo.
   • Cherchez les comportements perturbants que d'autres considèrent à tort comme de l'hyperactivité.
   • On taxe souvent ces enfants de fauteurs de troubles hyperactifs qui ne veulent rien écouter, parce qu'avec eux, les vieilles méthodes telles que les demandes directes ne fonctionnent pas.

Travailler auprès des enfants indigo s'apparente au travail sur soi. Les leçons qu'ils nous enseignent sont claires. Je suis une psychologue qualifiée qui traite « avec » ces enfants et je me réjouis de pouvoir me servir du poids de mon expérience pour militer en faveur de changements appropriés. Toutefois, il nous faut d'autres personnes comme Amanda qui puissent comprendre que les apparences sont souvent trompeuses. Je considère l'aide apportée à Amanda comme un privilège et j'éprouve le plus grand respect envers ces nouveaux enfants.

Auteurs et enseignants racontent

La plupart des personnes qui côtoient les enfants jour après jour, comme les enseignants, les éducateurs en garderies et les conseillers pédagogiques travaillent dans l'ombre. Nombre d'entre eux exercent leur métier depuis des dizaines d'années et nous disent à quel point ils sont renversés par les changements qu'ils observent quotidiennement.

À vous parents, nous voulons dire qu'il y a de l'espoir. De nombreux professionnels qui œuvrent auprès de vos enfants sont très conscients de ce qui se passe. Quand il s'agit du système scolaire, vous avez peut-être l'impression de vous heurter à un mur ; c'est le système qui est ainsi, pas nécessairement les gens. Il est presque certain que lorsque vous quittez leur bureau, leur frustration refait surface. Ils ont entendu maintes et maintes fois ce que vous leur racontez, mais ils n'ont pas de nouveaux modèles à proposer et ne peuvent rien y faire.

Au chapitre deux, nous vous donnerons plus de renseignements sur ce que vous pouvez faire à la maison en ce qui a trait à l'éducation. Nous aimerions maintenant vous présenter Debra Hegerle, une conseillère pédagogique de la Californie, l'une de ces personnes qui travaillent dans les coulisses. Nous vous invitons à écouter ses précieux conseils. Elle n'étudie pas les enfants indigo ; elle vit avec eux tous les jours et, comme beaucoup d'entre vous, elle est mère d'un petit indigo.

LES ENFANTS INDIGO
par Debra Hegerle

J'ai un fils indigo de sept ans et j'occupe un poste de conseillère pédagogique. J'ai la chance de travailler comme assistante des professeurs de mon fils depuis la maternelle ; il vient tout juste de commencer le primaire. Depuis plusieurs années, j'ai donc l'occasion d'observer ses interactions avec les indigo et les non-indigo de tous âges. C'est fascinant ! Condenser le fruit d'années d'observation m'apparaît un peu comme un défi parce que les enfants posent tant de gestes subtils.

Les enfants indigo gèrent leurs émotions de façon différente de celle des non-indigo parce qu'ils ont une haute estime d'eux-mêmes et une intégrité à toute épreuve. De plus, ils voient en vous comme dans un livre ouvert et peuvent même neutraliser vos motifs secrets ou vos tentatives de manipulation, bien qu'ils le fassent de manière subtile. En fait, ils perçoivent même ceux dont vous n'avez pas conscience. Ils naissent avec cette détermination qui les pousse à se débrouiller seuls et n'acceptent l'aide extérieure que si vous la leur offrez avec respect et leur laissez le libre arbitre. Nul doute, ils préfèrent être autonomes.

Dès la naissance, on peut identifier leur plan de vie et leurs dons. Ils ont une grande soif de connaître et absorbent tout comme des éponges, surtout quand les sujets les intéressent. D'ailleurs, ils deviennent de véritables experts quand un domaine les passionne. Ces enfants apprennent mieux en expérimentant ; c'est ce qui les amène à créer les situations ou les problèmes nécessaires à leur évolution. Lorsqu'ils se sentent respectés et traités comme des adultes, ils donnent le meilleur d'eux-mêmes.

Non seulement ont-ils la capacité de deviner nos motifs les plus profonds, mais ils sont aussi passés maîtres dans l'art de nous renvoyer la balle, en particulier à nous, parents. À cause de leur attitude sans cesse critique, on les traite de non-conformistes. S'ils sentent que les motifs véritables de vos demandes ne sont pas honnêtes, ils résisteront fortement et se sentiront tout à fait en droit de le faire. Ils s'attendent à ce que vous remplissiez votre rôle ; si vous ne le faites pas, ils vous mettront au défi.

Quand j'affirme qu'ils nous lancent des défis, je veux dire qu'ils nous aident à identifier les vieux schémas subtils de manipulation utiles autrefois, mais qui ne fonctionnent plus avec eux. Si vous sentez constamment de la résistance de la part d'un enfant indigo, il est fort possible qu'il vous reflète votre image ou qu'il vous demande, de façon détournée, de lui définir de nouvelles frontières, d'affiner ses habiletés ou ses talents personnels. Enfin, peut-être est-il en train de traverser une autre étape de son développement.

Les indigo ont généralement des dons innés de guérisseurs mais il est possible qu'ils n'en soient pas conscients. J'ai souvent été ébahie par la manière dont ils forment des groupes, par leur façon d'entourer un enfant malade ou triste : ils s'assoient autour de celui-ci et dirigent leur énergie vers cet enfant. La plupart du temps, ils se placent deux par deux, parfois aussi en groupes, formant des triangles ou des losanges très subtils. Une fois qu'ils ont terminé, ils passent à autre chose, le plus naturellement du monde.

C'est fascinant ! Ils font cela mais ne veulent pas parler. Dans certains cas, ils ne sont même pas conscients de leurs gestes ou des motifs qui les incitent à le faire. Cela leur est si naturel : si un enfant a besoin de quelque chose, les indigo viennent s'asseoir près de lui pendant un certain temps, souvent sans parler, puis ils repartent sans plus.

J'ai remarqué un autre phénomène intéressant : tout au long de l'année, j'ai pu observer que ces enfants passent par des périodes d'attraction et de rejet. En d'autres termes, ils recherchent parfois la compagnie des autres, puis à d'autres moments, n'en ressentent pas le besoin. Sans en être absolument certaine, je crois que ces attitudes coïncident avec une étape de leur développement individuel. Cette intimité et ce souci de l'autre restent constants même durant les périodes de séparation, mais je remarque que les enfants se retrouvent quand ils se sentent de nouveau prêts à le faire.

Maintenant, j'aimerais vous raconter une anecdote qui concerne mon fils indigo. Permettez-moi d'abord de situer le contexte. Mon mari et sa famille sont des Sino-Américains tandis que ma famille et moi sommes d'ascendance germanique et finlandaise. La famille de mon mari accorde une très grande valeur à l'éducation et l'on inculque aux enfants l'importance de réussir dans la vie et d'être les meilleurs, les plus intelligents et les plus rapides. Mon mari et moi n'encourageons pas toute cette compétitivité, mais elle rôde quand même autour de nous. Pour couronner le tout, des cinq petits-enfants de la famille, mon fils est le seul garçon, l'héritier mâle. Vous pouvez alors imaginer ce que cela représente.

C'était Noël et nous étions dans la famille de mon mari. Mon fils, qui avait alors presque quatre ans, était fier de montrer le cadeau que nous lui avions offert le matin même, un Millennium Falcon™, célèbre jouet de *La Guerre des étoiles* conçu pour les enfants de six ans. Il s'agissait de la version gigantesque qui s'ouvre et qui renferme toutes sortes de compartiments de formes semblables mais non identiques. À ce moment-là, ce n'était pas cette fonction qui l'intéressait ; il s'imaginait en train de le piloter et d'abattre des fusées, tout absorbé dans ses fantaisies. Un de ses oncles lui demanda s'il pouvait emprunter son jeu et commença à démanteler toutes les petites portes des compartiments. Il les empila et les tendit à mon fils en lui demandant, pour le narguer : « Peux-tu les remettre en place ? »

En fait, il lui tendait un piège : en effet, toutes les portes étaient de la même couleur et les différences de format et de taille étaient très subtiles. J'ai adoré ce qui s'ensuivit.

J'allais intervenir quand mon fils s'est tourné vers moi, m'a fixée droit dans les yeux, avec un de ces regards que je n'oublierai jamais. Il me regardait pour savoir ce que j'allais faire, et aussi vite que les quelques secondes qu'il lui fallut pour capter ma pensée, celle de la maman lionne qui ne permettra pas qu'on embête son fils, il me répondit sans hésitation. Dans ses yeux, je pouvais clairement lire : « Ne t'en mêle pas, je vais me débrouiller ! » Dès qu'il s'est mis au travail, j'ai senti une énergie nouvelle émerger dans la pièce : tous se sont tus et se sont tournés vers mon fils. D'une voix calme, il a répondu à son oncle : « Je ne sais pas, je ne l'ai jamais fait, je vais essayer. » Puis, il s'est mis à replacer toutes les pièces avec rapidité et précision.

Quand il eut terminé, j'ai à nouveau senti un changement d'énergie dans la pièce. Il me jeta un regard dans lequel je lisais : « Est-ce que c'était bien ? » Je lui ai souri et lui ai répondu : « Beau travail ! » Tous saisirent le double sens de ma réponse, y compris l'oncle, qui depuis ce jour-là n'a jamais recommencé le stratagème ni avec mon fils ni avec un autre enfant, du moins en notre présence.

Ce soir-là, personne ne fit de commentaires sur ce qui s'était passé. Quelque part, nous sentions que chacun devait en tirer ses propres leçons, tout cela parce qu'un petit garçon de quatre ans avait décidé de relever le défi.

La leçon que j'en ai personnellement tiré a été : « Laisse-le faire ; malgré son jeune âge, il sait se débrouiller. Sois consciente de ce qui se passe et observe simplement ! » Dans ce cas-ci, c'était fascinant : mon fils avait rapidement jaugé la situation et choisi sa réponse en fonction de l'expérience qu'il voulait vivre. Quand il s'est senti appuyé, il a alors choisi la confrontation directe, et dès l'instant même, il a réuni toutes les énergies dont il avait besoin pour l'accomplissement de sa tâche. Une fois celle-ci terminée, il est rapidement retourné à ses jeux. J'ai été témoin de situations semblables où mon fils ou d'autres enfants ont agi de la même façon. Dans tous les cas, ils évaluent la situation, puis déterminent les actions à poser en fonction de ce qu'ils veulent expérimenter à ce moment-là. Les seules variations que j'ai notées dépendent du type d'appui qu'ils reçoivent. Lorsqu'ils se sentent en sécurité, ils utilisent toujours ce schéma.

Un environnement sécurisant est donc très important : tous les enfants ont besoin de se sentir en pleine confiance pour explorer pleinement leur univers. Pour les enfants indigo, sécurité signifie qu'ils sont autorisés à faire les choses différemment. Leur donner cet espace est le meilleur geste que nous puissions poser envers eux et envers nous-mêmes.

Robert Gerard est à la fois conférencier, guérisseur et visionnaire. Il a été propriétaire et directeur d'une maison d'édition, la Oughten House Publications, pendant de nombreuses années. Il a écrit *Lady From Atlantis*, *The Corporate Mule* et un livre qui paraîtra sous peu, *Handling Verbal Confrontation: Take the Fear Out of Facing Others*. En ce moment, il effectue une tournée de promotion de son dernier livre, *DNA Healing Techniques: The How-To Book on DNA Expansion & Rejuvenation*. Il donne également des ateliers sur les techniques de guérison de l'ADN et offre des conférences et des ateliers dans le monde entier.

Vous en avez assez d'entendre dire que les enfants indigo sont des casse-pieds ? Robert savait intuitivement à quel type d'indigo appartenait son fils et il a eu la sagesse de relever le défi. C'est pourquoi cet enfant fut une joie pour lui et non une source de problèmes. Jan et moi avons remarqué que de deux choses l'une : ou les enfants indigo sont vraiment dysfonctionnels ou alors ils sont une source de joie pour la famille entière. C'est pour leur rendre justice que nous tenons à aborder les deux aspects de ce phénomène nouveau.

ÉMISSAIRE DU CIEL
par Robert Gerard

Je considère qu'être le papa d'une petite indigo de sept ans et demi est une bénédiction du ciel parce qu'elle me permet de vivre de nombreuses expériences subtiles mais profondes. Chaque événement est pour moi un cadeau de la vie, une occasion d'éveil. On m'a souvent rappelé qu'elle faisait partie de la multitude d'enfants indigo envoyés sur cette planète. À titre de professionnel et de parent, je peux vous confirmer que ces petits êtres sont bien réels et spéciaux et qu'ils ont besoin de toute notre compréhension.

Tout parent aimant qui sait les regarder avec compassion et

amour comprend qu'ils portent en eux des trésors d'éveil et de conscience. Ils nous ramènent au moment présent et nous rappellent l'importance du jeu, du rire et de la liberté dans notre vie. Ils sont les miroirs des enfants que nous avons été un jour. Leur regard pénétrant semble lire nos âmes et nous remémore le but ultime de notre existence. S'ils ne sont pas freinés par des parents autoritaires et par les distractions sociales, ils suivront leur chemin et joueront leur rôle sur terre.

Ma fille, Samara Rose, a un talent fou pour nous mettre au défi, mon épouse et moi, quand nous ne sommes pas dans une énergie de paix ou d'harmonie. Comme beaucoup d'indigo nés depuis le début des années 80, Samara, dont le prénom signifie « de Dieu », est venue sur terre porteuse d'une mission claire, nous révélant, jour après jour, de précieux messages de vie. Ces enfants sont ici-bas pour servir leurs parents, leurs amis et la planète à titre d'émissaires du ciel et de porteurs de sagesse, à condition de les laisser jouer leur rôle.

Que signifie pour moi l'expression *enfant indigo* ? J'ai simplement envie de dire que ma fille est un être auprès de qui il est facile de vivre. Après avoir élevé trois autres enfants maintenant adultes, je peux, en toute honnêteté, vous confier que Samara reflète une énergie et une connaissance nouvelles. Ces enfants peuvent être faciles et aimants ; beaucoup d'entre eux font montre de sagesse et ont un regard pénétrant. Ils vivent vraiment l'instant présent, ils sont heureux, pleins d'entrain et ont leurs idées propres. À mon avis, ce sont des émissaires spéciaux, porteurs d'un profond message, comme de merveilleux cadeaux du Créateur aux êtres de cette terre.

Les enfants indigo nous livrent des messages qui dépassent nos connaissances. Prenez le temps de les regarder, de les écouter, et descendez en vous-même. C'est ainsi qu'ils nous aident à trouver notre vérité, notre raison d'être et notre paix. Perdez-vous dans leur regard. Bénis soient nos enfants indigo parce qu'ils savent exactement ce qu'ils sont venus faire sur cette planète. Il va donc sans dire que je les soutiens fermement, non seulement à titre de parent mais aussi de conseiller, et que je suis heureux d'être là pour eux.

Quand j'étais éditeur, ma maison ressemblait souvent à une auberge où circulaient auteurs, artistes et associés. Tous ont invariablement côtoyé Samara, avec qui ils jouaient ou discutaient de je ne sais quoi. Quand ils sortaient de sa chambre, ils avaient l'air plus paisibles et plus sereins. Au moment de parler affaires, ils n'en avaient plus envie. Ils étaient conquis par elle, si bien qu'ils prenaient toujours de ses nouvelles. Il me semble de plus en plus évident que lorsqu'elle entre en relation avec les adultes, Samara les met en contact avec leur enfant intérieur, le plus simplement du monde. Par contre, elle se montre moins tendre envers ses pairs et s'en trouve donc souvent rejetée ou, au contraire, adulée. Je dois alors lui montrer à s'exprimer d'une manière plus aimable.

La plupart des enfants indigo voient des anges et d'autres êtres éthériques, et peuvent même les décrire avec précision. Ils n'imaginent pas ce qu'ils racontent, ils vous l'expliquent. Quand ils se retrouvent entre eux, ils parlent ouvertement de ce qu'ils voient, à moins que quelqu'un ne les en dissuade. Heureusement, de plus en plus de personnes accueillent ces petits émissaires et les écoutent à la fois avec curiosité et confiance.

Pour ces enfants, l'exactitude et les relations interpersonnelles les fascinent et ils tolèrent mal les incohérences, surtout dans les conversations. Ils sont spontanés et peuvent facilement s'énerver sans raison apparente. Pour beaucoup d'adultes, le contact avec ces émissaires ne s'établit pas facilement parce qu'ils les abordent avec des idées bien ancrées que les enfants ne partagent pas.

Rappelez-vous quand vous étiez enfant ! Combien de fois vous a-t-on demandé : « Que feras-tu quand tu seras grand ? » Cette question nous projetait instantanément dans une activité future qui, forcément, nous éloignait de l'instant présent. Par conséquent, demander à l'enfant ce qu'il veut devenir crée une interférence, une violation, une interruption de l'ici-maintenant. En fait, les enfants sont ce qu'ils doivent être, c'est-à-dire eux-mêmes. Par conséquent, permettons-leur donc d'être ce qu'ils sont.

Quelques problèmes auxquels ils peuvent faire face

Jusqu'ici, je me suis surtout attardé aux aspects positifs de l'enfant indigo, mais j'aimerais vous faire part de trois problèmes auxquels j'ai été confronté, soit dans l'exercice de ma pratique, soit sur le plan personnel.

1. Ces enfants requièrent plus d'attention que les autres. Pour eux, la vie est trop précieuse pour attendre passivement. Ils veulent que les choses arrivent et vont même souvent aider le destin pour qu'elles se passent comme ils le désirent. Les parents peuvent facilement tomber dans le piège et poser des actions pour l'enfant au lieu de se contenter d'être des exemples ou des aides. Si vous tombez dans le panneau, vous pouvez être certains que vous les aurez sur les talons pour un bon moment.

2. Ces petits émissaires peuvent être perturbés par les autres enfants qui ne comprennent pas le phénomène indigo. Ils ne peuvent imaginer que l'on puisse agir autrement qu'avec amour. Par contre, ils sont très tolérants, s'adaptent bien aux situations et sont capables d'aider leurs pairs même si leur aide est souvent rejetée. C'est pourquoi, au cours de l'enfance, ils peuvent éprouver de la difficulté à s'entendre avec les autres enfants.

3. On les classe souvent comme des enfants souffrant de déficit de l'attention ou d'une forme quelconque d'hyperactivité. Certains peuvent effectivement être clairement identifiés comme tels pour des raisons d'ordre biochimique ou génétique. Cependant, que penser de ces cas mal compris parce que la science n'accepte pas comme thérapeutiquement valable le fait qu'un enfant s'intéresse aux valeurs spirituelles ou intangibles ?

   J'ai eu l'occasion de parler à des enfants et à des adultes qui semblent être des « hyper » ou qui croient souffrir de problèmes d'attention, chez qui je note un intérêt marqué pour le spirituel et l'ésotérisme. Contrairement aux autres, leur pensée n'est pas linéaire, ce qui est loin d'être un défaut mais qui est, au contraire, un précieux atout. À mon avis, la clé du problème réside dans l'établissement d'un dialogue positif où l'on permet à l'enfant d'exprimer sa créativité, ses tendances et son intérêt pour le spirituel dans un climat de confiance et de sécurité.

Cataloguer un individu dans l'une ou l'autre de ces catégories peut lui causer plus de tort que le symptôme même, car cela peut facilement l'amener à renier sa sagesse intérieure et à sous-estimer ses capacités. Il faut donc être très prudent avant de poser un diagnostic et d'amorcer un traitement qui n'a pas encore fait l'objet d'études et de recherches sérieuses.

Assisterons-nous encore à l'arrivée d'une nouvelle génération d'enfants indigo sur notre planète ? Nous, parents et adultes, savons-nous apprécier ces émissaires du ciel ? Sommes-nous prêts à les écouter ?

Il ne fait aucun doute que le niveau de conscience de ces êtres les rend plus aptes à gérer la vie que nous partageons tous. Considérons et acceptons ces cadeaux d'en haut avec un cœur pur et un esprit ouvert.

Quelques histoires amusantes et pétillantes sur les enfants indigo

En guise de conclusion à ce premier chapitre, nous aimerions ajouter deux anecdotes, ce qui nous semble approprié, car les enfants indigo sont uniques et si spéciaux. La meilleure façon de les connaître n'est-elle pas de les rencontrer ?

J'aimerais partager avec vous le petit miracle qui s'est produit dans notre famille grâce à notre merveilleuse Emma qui, à cette époque, ne pouvait encore ni marcher ni parler.

En 1996, mon père, qui souffrait de défaillance cardiaque, vivait toujours à la maison, entouré de l'amour de sa famille, mais ses forces diminuaient rapidement. Il était trop faible pour manger et, la plupart du temps, dormait dans son fauteuil.

La petite Emma était alors âgée de quinze mois. Elle n'avait pas encore prononcé son premier mot, ne marchait toujours pas et ne pouvait même pas se tenir debout. Par contre, elle sentait ce qui se passait et connaissait déjà la compassion. Dans sa petite tête d'enfant, elle savait que son grand-père n'allait pas bien et qu'il avait besoin de réconfort. Alors, elle a rampé jusqu'à lui, et prenant appui sur les genoux de mon père, elle s'est mise debout et lui a tendu son lapin préféré. Ce qui survint par la suite nous a tous étonnés : mon père est littéralement revenu à la vie, lui a souri et s'est mis à lui parler. Cet événement, que nous appelons notre petit miracle, est survenu deux jours avant la mort de papa. Les photos que nous avons prises, ce jour-là, sont notre plus grand réconfort.

Jean Flores, Brooklyn, New York

Ma fille est née en 1988. À deux ans, elle parlait parfaitement et pouvait exprimer tout ce qu'elle voulait. Un jour, à l'âge de trois ans, alors qu'elle était au parc, elle alla rejoindre des petites filles plus âgées avec qui elle voulait s'amuser. Celles-ci se moquèrent d'elle, lui disant qu'elle était beaucoup trop jeune. Calmement, ma fille vint me retrouver et me dit, le plus simplement du monde : « Maman, elles ne savent vraiment pas qui je suis. »

Linda Etheridge, enseignante

Chapitre deux

Que faire ?

Nous tenons à vous faire savoir que les collaborateurs qui nous font part de leurs opinions dans le présent chapitre ne se connaissent pas. Malgré cela, leurs réflexions se rejoignent, et vous constaterez qu'ils partagent les mêmes points de vue. Cette convergence d'opinions individuelles reflète une expérience humaine commune menant à des solutions valables.

Ces auteurs vous proposent une façon de traiter les enfants indigo sur le plan comportemental, d'après une perspective parentale. Même si les situations et les conseils varient quelque peu, vous remarquerez la grande similitude des cas. Toutefois, avant d'aborder le sujet, nous aimerions vous communiquer une information qu'il nous paraît juste que vous ayez.

Le présent chapitre regorge de conseils judicieux et de situations pratiques provenant d'experts, d'enseignants et de parents qui offrent des solutions à ce présumé nouveau casse-tête que représente l'éducation des enfants d'aujourd'hui. Il se trouve cependant des gens pour nous dire que nous devrions carrément omettre toute cette section, peut-être même le livre en entier, persuadés qu'il n'y a rien que nous, parents, puissions faire pour changer nos enfants.

Le 24 août 1998, le magazine *Time* publiait un article intitulé « *The Power of Their Peers*[7] ». Robert Wright, collaborateur pour cette revue, commentait le livre de Judith Rich Harris, *The Nurture Assumption*[8]. Voici d'ailleurs quelques extraits de cet article dans lequel elle affirme que les parents n'ont que très peu d'influence sur leurs enfants.

> Les psychologues peuvent mettre fin à leur recherche séculaire, non pas parce qu'ils ont enfin trouvé la clé pour bien éduquer les enfants, mais tout simplement parce qu'elle n'existe pas... Judith Rich Harris va même jusqu'à affirmer que les parents n'ont « aucune influence majeure à long terme sur la personnalité de leur enfant ».

Mme Harris croit évidemment que ce sont les influences extérieures du milieu et les critères génétiques qui façonnent la vie de l'enfant. Celui-ci absorberait donc les valeurs de son milieu social qui se combineraient à une prédisposition génétique de la personnalité. Voilà en fin de compte ce qui déterminerait leur vie alors que les parents, impuissants, n'y pourraient pas grand-chose.

Nous ne partageons évidemment pas sa théorie, mais nous vous la présentons malgré tout afin que vous jugiez par vous-même. Nous vous suggérons également de parcourir son livre et de soumettre ensuite l'information à votre instinct parental. Voici donc, en résumé, ce que dit Robert Wright :

> L'essence de la théorie de Judith Harris, qui prétend que les parents surestiment l'influence qu'ils ont sur leurs enfants, peut en rassurer plusieurs à cette époque où le rôle de parents n'est pas de tout repos, mais elle peut aussi créer l'effet inverse. Aujourd'hui, les parents se font du souci au sujet des groupes de jeunes et des contextes dans lesquels ils se forment. Quelle école privée serait la meilleure ? Mon enfant devrait-il jouer au soccer le samedi ou suivre des cours de français ? Pour son anniversaire, dois-je l'amener chez McDonald's ou à Disney World ? Détendez-vous ! La science non plus n'a pas trouvé de réponses à ces questions.

Bien sûr, nous croyons que votre attitude est importante, primordiale même. Nous vous invitons à lire ce deuxième chapitre ; nos collaborateurs ont de l'expérience auprès des enfants, ils sont donc bien placés pour vous présenter des solutions.

Voici d'abord dix lois fondamentales que nous avons acquises et expérimentées au cours de nos voyages.

1. Traitez les enfants indigo avec respect et honorez leur présence au sein de votre famille.

2. Aidez-les à trouver leurs solutions aux problèmes de discipline.

3. Laissez-leur le choix dans tous les domaines.

4. Ne les dépréciez jamais, au grand jamais.

5. Expliquez-leur le motif de vos demandes et soyez à l'écoute de ce que vous leur dites. L'explication est-elle aussi nulle que celle du genre « tu fais cela parce que je te le demande » ? Si c'est le cas, une petite révision s'impose. Sachez qu'ils vous respecteront dans la mesure où vous prendrez le temps de leur fournir des réponses sensées. Si vous les commandez sur un ton autoritaire, dictatorial, sans avoir de solides raisons, ils vous désarçonneront carrément. Ils refuseront d'obéir et vous donneront en prime une liste longue de trois kilomètres de bonnes raisons pour lesquelles ça ne peut pas marcher. Exprimez alors honnêtement votre motif, qui peut parfois être aussi banal que « parce que ça m'aiderait aujourd'hui, je suis vraiment fatiguée ». Avec eux, l'honnêteté est plus importante que tout ; ils y réfléchissent et agissent ensuite.

6. Considérez-les comme vos partenaires en éducation. Cet aspect est extrêmement important.

7. Même lorsqu'ils sont encore bébés, expliquez-leur ce que vous faites. Ils ne comprendront pas, mais sentiront votre intention et votre respect.

8. Si de graves problèmes surviennent, faites-leur subir des tests avant de les droguer.

9. Apportez-leur soutien et sécurité ; évitez les critiques négatives

et faites-leur toujours savoir que vous les soutenez dans leurs efforts. Ainsi, ils s'efforceront d'être à la hauteur de vos paroles et vous en serez même étonnés. Puis, saluez les succès et les bons coups ensemble. Ne les poussez pas mais laissez-les agir et encouragez-les en cours de route.

10. Ne leur dites pas qui ils sont ou ce qu'ils seront plus tard ; ils le savent très bien. Laissez-les décider de leurs intérêts ; par exemple, ne les forcez pas à choisir un métier ou une profession sous prétexte que c'est une tradition dans la famille depuis des générations. L'enfant indigo n'emprunte pas les sentiers battus.

Voici notre anecdote préférée. Lors d'une tournée de conférences, nous logions chez une famille où vivait un petit indigo de trois ans. Dans son regard, on devinait que c'était une vieille âme. Ses parents savaient qui il était et réussissaient très bien à lui donner la place qui lui revenait. Au repas, au lieu de lui demander de s'asseoir, on l'a invité à choisir sa place. Les parents avaient prévu quelques scénarios possibles. Par conséquent, ce qui aurait pu être un ordre est devenu une invitation à un choix. Dans les deux cas, c'était l'heure de dîner et il fallait passer à table. L'enfant a étudié la situation et il est évident qu'il a pris la responsabilité de choisir où il voulait s'asseoir. Il n'y avait donc pas de place pour un refus.

Quelques heures plus tard, l'enfant était devenu fatigué et maussade. Ses parents l'ont fermement mais correctement rappelé à l'ordre sur un ton résolu en lui signalant la conséquence possible. Ils l'ont traité comme il se doit et avec respect, mais comme tout enfant normal, il est revenu à la charge, voulant vérifier son pouvoir. La punition annoncée a donc été appliquée et expliquée de façon calme et logique. Dans ce cas, ce qui est admirable n'est pas tant la façon dont la discipline a été appliquée, mais plutôt la manière dont les événements se sont déroulés avant et pendant le problème. Du début à la fin, le message était clair : « Nous te traitons avec respect, tu nous traites aussi avec respect. »

Cédons maintenant la parole à celle qui a lancé le terme « enfant indigo », Nancy Ann Tappe.

ÊTRE UN GUIDE
par Nancy Ann Tappe
Propos recueillis par Jan Tober
(deuxième partie)

Nancy, que conseillez-vous aux parents d'enfants indigo ?

Bavardez avec eux. Accompagnez-les dans ce qu'ils vivent au lieu de leur répondre froidement : « La réponse est NON. » De toute façon, les indigo n'acceptent pas ce genre de réponse. Si vous leur dites : « Ne pose pas de questions ! » ils iront chercher réponse ailleurs et sentiront que vous n'avez pas de réponse pour eux.

Qu'en est-il des choix ?

Vous devez les laisser effectuer leurs propres choix tout en les accompagnant au début. Par exemple, vous pouvez leur dire : « Quand j'avais ton âge, voilà ce que j'ai fait. Et toi, que ferais-tu ? » Très souvent, vous verrez qu'ils choisiront la même chose que vous. C'est ce qu'a fait ma fille des dizaines de fois avec son fils Colin. Prenez le temps de vous asseoir et de confier à votre enfant ce que vous éprouvez, comme : « Tu sais, j'ai une grosse journée et j'ai vraiment besoin de ta collaboration parce que je vais être très fatiguée. Si tu m'embêtes, je vais me fâcher. Tu n'aimes pas me voir fâchée et moi non plus. Voici donc ce que je te propose : tu coopères, tu me donnes un coup de main et quand nous aurons fini, nous irons manger une crème glacée. » Alors là, vous avez intérêt à vous souvenir de votre promesse…

Vous savez, ce que vous dites peut, à mon avis, s'appliquer aussi aux conjoints et aux amis.

Absolument, mais voyez-vous, nous avons affiné notre façon de communiquer au fil des ans ; nous avons développé nos compétences. Les enfants indigo ont déjà cette habileté, dès leur naissance.

Si je comprends bien, ils nous aident à affiner les nôtres.

Aucun doute possible, ils nous obligent à être honnêtes. Ils portent en eux cette espèce de pouvoir, ils sont vraiment spéciaux. Parfois, il est bon de les laisser contrôler la situation. Si vous les isolez, ils feront des mauvais coups : ils écriront sur les murs, déchireront votre tapis ou briseront vos objets. Si vous avez des invités et que vous envoyez vos enfants se coucher tôt, espérant avoir la paix, eh bien, je vous assure qu'ils feront en sorte que tout le monde sache qu'ils sont là. Vous ne pouvez pas demander à des enfants indigo de collaborer en les isolant des autres.

Ils exigent que nous vivions concrètement ce sens de la famille que nous prêchons si bien. Pour eux, c'est clair : ils font partie de la famille et exigent leur droit de veto.

Ils nous obligent à vivre ce que nous prêchons, quoi !

Dans leur cas, les ordres sont inefficaces. C'est là où le bât blesse étant donné que le système scolaire exige le respect absolu et constant des règlements et envoie comme message : « Ici, on ne pose pas de questions et on se tait. » Ces enfants, au contraire, éprouvent le besoin de savoir : « Pourquoi ? Pourquoi dois-je faire cela ? » Ou encore, ils vous lancent : « Bon, si je dois faire telle chose, alors je la ferai à ma façon. » Ils connaissent les règles d'un monde que nous avons idéalisé, et non celles du monde dans lequel nous vivons au quotidien. Ils exigent de nous d'être de véritables parents et s'attendent à ce que nous prenions le temps de nous asseoir avec eux et d'être entièrement là. Nous croyons que c'est ce que nous faisons, mais eux, ils voient la réalité d'un autre œil. Ils veulent que nous soyons présents et non pas que nous fassions les choses simplement parce qu'elles doivent être faites.

Nous, adultes, n'en attendons pas moins non plus. En tant que parents, nous devrions nous rappeler constamment que si nous décidons d'être présents, nous devons être là à 100 % sans quoi l'enfant le percevra.

Dites-leur que vous allez faire une petite sieste pendant quelques minutes. Ils vous répondront peut-être : « D'accord, pendant ce temps, je vais manger une crème glacée. » En fait, les enfants peuvent tout accepter, à condition que nous, parents, soyons transparents. Ils n'en demandent pas plus et, la plupart du temps, se montrent très coopératifs à moins que vous ne les poussiez ; dans ce cas, ils resteront sur leur position. Rappelez-vous : ils ont confiance en eux.

Avez-vous des conseils à donner aux enseignants qui doivent travailler à la fois avec des indigo et des non-indigo ?

Jusqu'ici, c'était assez problématique, mais la situation est en train de changer puisqu'il y a de plus en plus d'indigo.

Connaissez-vous des systèmes scolaires vraiment efficaces pour ce genre d'enfants ?

Aux États-Unis, c'est le système Waldorf qui est, en fait, une version de l'École de Rudolf Steiner qui, durant la Seconde Guerre mondiale, a quitté l'Allemagne et a instauré son système en Suisse. [Note : Vous trouverez plus d'information sur ces écoles innovatrices un peu plus loin dans ce chapitre.]

Quel genre de thérapie préconisez-vous pour les indigo dysfonctionnels ?

Un bon psychologue pour enfants. Malheureusement, beaucoup de psychologues n'ont pas été formés pour gérer ces cas parce qu'ils ont étudié les fondements de la psychologie de l'enfant que préconisaient Spock, Freud et Jung. À peu près aucun système éducatif ne fonctionne bien avec eux. Bon, il y en a bien quelques-uns, mais ces enfants sont différents des autres, vraiment différents…

Je crois que le meilleur spécialiste pour l'indigo conceptuel (voir chapitre un) est un psychologue du sport, surtout pour les garçons, alors que pour le type humaniste ou pour l'artiste, je conseille un psychologue sans spécialisation particulière. Par contre, l'interdimensionnel a besoin de règlements plus clairs parce qu'il est très abstrait ; l'aide d'un membre du clergé lui convient mieux. Intéressant, n'est-ce pas ?

Les thérapeutes doivent vraiment se recycler, si je puis dire, afin d'aider ces nouveaux enfants. Autrefois, le thérapeute était davantage ouvert aux notions ésotériques et se servait de ses facultés sensorielles ou psychiques ainsi que d'autres techniques que les psychologues d'aujourd'hui ne considèrent aucunement. Les choses changent rapidement et aujourd'hui, de plus en plus de psychologues qualifiés explorent la gamme d'outils métaphysiques qui leur est offerte. C'est formidable. Le même phénomène tend à se produire chez les médecins, qui se tournent peu à peu vers les thérapies parallèles.

Laissons encore une fois la parole à deux de nos spécialistes en psychologie de l'enfant ; écoutons les conseils qu'ils donnent aux parents et aux enseignants. Voici d'abord Doreen Virtue, puis Kathy McCloskey.

ÉLEVER UN ENFANT INDIGO
par Doreen Virtue, Ph.D.

Au cours de mes ateliers et dans ma pratique privée, de bons parents soucieux du bien-être de leur enfant sollicitent mon aide en raison de leur frustration. Exaspérés, ils me confient que leur fils ne veut plus faire ses devoirs ou que leur fille ne veut rien entendre de ce qu'ils lui disent. Je suis peut-être la première personne à admettre, comme parent et psychothérapeute, qu'élever un enfant indigo n'est pas de tout repos, à moins de changer complètement de façon de penser.

Il n'est pas nécessaire d'être détenteur d'un doctorat en psychologie pour constater que nous élevons nos enfants comme nous l'ont appris nos parents, les médias ou les cours sur l'art d'être parent. Le problème, c'est que nos schèmes de référence sont désuets et ne s'appliquent plus avec cette nouvelle énergie et que les enfants indigo sont totalement différents de leurs prédécesseurs.

Notre objectif, comme parents, est d'accueillir les enfants dans cette énergie nouvelle et de leur rappeler constamment leur origine divine et leur mission sur terre. Notre monde dépend d'eux ; par conséquent, nous ne pouvons courir le risque qu'ils oublient leur but.

À mon avis, nous devons d'abord apprendre à être plus flexibles par rapport à nos opinions et à nos attentes face à eux. Entre nous, pourquoi est-ce si important que nos enfants réussissent en classe ? Attention ! Je ne dis pas que l'école n'est pas importante, mais soyons honnêtes. Pourquoi êtes-vous si contrarié quand le titulaire vous appelle pour vous donner un rapport négatif sur votre fils ou votre fille ? Cela ne réveillerait-il pas quelque souvenir d'enfance où vous aviez des ennuis ? Si c'est le cas, vous n'êtes pas vraiment en colère contre votre enfant, vous avez plutôt peur pour lui.

Par ailleurs, vous êtes peut-être convaincu qu'il a besoin d'une bonne éducation pour se tailler une place dans la société. Nous devons revoir nos croyances parce que ce nouveau monde repose sur des idéaux entièrement différents des nôtres où le critère le plus important sera l'intégrité (que nous pourrons d'ailleurs capter par télépathie puisque nous aurons retrouvé tous nos dons psychiques naturels).

En changeant nos points de vue et nos attentes à propos de nos enfants, nous aborderons leur éducation avec beaucoup plus de sérénité. Il faut reconnaître que cette nouvelle approche nous rend anxieux ou nous effraie un peu. Notre instinct de parent nous dicte de protéger nos enfants ; alors nous défendons automatiquement leur droit au succès et cela nous amène bien souvent à nous battre contre eux pour qu'ils fassent leurs travaux scolaires.

Vous faites partie des premiers parents d'indigo. Dans cet esprit, il est bien normal que vous fassiez quelques erreurs. Toutefois, votre âme et celle de votre enfant ont choisi de s'incarner ensemble pour franchir ce troisième millénaire. Sur le plan spirituel, vous saviez donc dans quelle aventure vous vous embarquiez quand vous avez pris formellement l'engagement d'élever un enfant indigo. Pardonnez-vous d'avoir choisi cette tâche difficile et rappelez-vous que Dieu ne nous confie jamais un fardeau au-delà de nos capacités.

Poursuivons notre lecture et voyons quelques conseils et suggestions d'une autre spécialiste des problèmes auxquels font face les parents d'enfants indigo. Voici donc Kathy McCloskey, que nous vous avons présentée au chapitre précédent.

CE QU'UN PARENT DOIT GARDER EN MÉMOIRE
par Kathy McCloskey, Ph.D.

1. Soyez créatifs quand vous établissez des limites.
   - Prévoyez de l'énergie physique supplémentaire et incorporez-la à autant de situations possibles, par exemple à l'enseignement, au respect des limites et à l'accomplissement des tâches.
   - Faites en sorte que ce soit les forces de l'enfant qui déterminent ses limites et non l'inverse. Vous serez surpris de ce que peut accomplir un indigo. Par la suite, testez ces limites avec discernement.

• Par-dessus tout, demandez à l'enfant de vous aider à fixer ces limites. En fait, nombre d'entre eux seront très contents d'y contribuer, avec l'aide de l'adulte, bien entendu.

2. Sans aller jusqu'à lui confier des responsabilités d'adulte, traitez-le comme un adulte et un égal.
   • Donnez-lui des explications d'adulte, permettez-lui d'intervenir dans les décisions de tous genres et, surtout, laissez-lui beaucoup de choix.
   • Ne lui parlez pas comme à un bébé.
   • Écoutez-le ; il est sage et vous apprendra des choses.
   • Respectez-le en tout comme vous respecteriez vos propres parents ou un grand ami.

3. Si vous lui dites que vous l'aimez mais que vous agissez envers lui de façon irrespectueuse, il ne vous fera pas confiance.
   • Il ne croira pas en votre amour si vous ne le traitez pas aimablement et alors, tout ce que vous lui direz tombera dans l'oreille d'un sourd.
   • Votre façon de mener votre vie et celle de votre famille sera pour lui la preuve la plus éloquente de votre amour.

4. L'interaction entre vous et votre enfant indigo est à la fois une œuvre et un privilège.
   • Ne le décevez pas ; il risquerait de vous en vouloir longtemps.
   • En cas de doute, questionnez d'abord l'enfant mais aussi les autres adultes qui ont de l'expérience auprès d'eux.
   • Prenez le temps d'observer les interactions des indigo entre eux ; elles vous enseigneront beaucoup.

Souvenez-vous : non seulement ces enfants savent qui ils sont mais aussi qui vous êtes. Le regard d'un indigo ne ment pas : il est vieux, profond et sage. Ses yeux sont les fenêtres de ses sentiments et de son âme. Il semble incapable de cacher quoi que ce soit. Quand vous le blessez, vous le décevez, et il peut même mettre en doute la sagesse qui l'a amené à vous choisir. En revanche, si vous démontrez votre amour à votre enfant et reconnaissez qui il est, il s'ouvrira à vous comme nul autre.

Voici maintenant quelques livres que vous recommande Debra Hegerle relativement à ce sujet. Nous vous rappelons que vous retrouverez la plupart de ces titres à la fin de cet ouvrage.

ENNUI ET HONNÊTETÉ
par Debra Hegerle

Les plus grandes forces des enfants indigo sont leur ouverture et leur honnêteté. S'ils ne retrouvent pas ces qualités chez vous, ils ne vous respecteront pas. C'est là un problème important parce qu'ils maintiendront toujours leur intégrité et reviendront à la charge jusqu'à ce que vous ayez vraiment compris, que vous reveniez sur votre position ou que vous abandonniez la partie. La dernière option est la pire des trois parce que les indigo ne respectent pas ceux qui ne font pas leur travail jusqu'au bout, et c'est exactement ce message que vous leur transmettez quand vous les laissez tomber. Par contre, ils accepteront que vous reveniez sur votre position parce que cette attitude leur prouve que vous réfléchissez encore à la question et, pour cela, ils vous respecteront. Si vous reconnaissez ces qualités en eux, tout se passera bien parce qu'ils ne s'attendent pas à ce que vous soyez parfaits ; en revanche, ils ne font pas de compromis sur l'honnêteté.

Puisque l'ennui peut les rendre arrogants, assurez-vous qu'ils ne connaissent jamais ce sentiment. S'ils démontrent de l'arrogance, c'est qu'ils ont besoin de nouveaux défis à relever et d'autres limites. Le meilleur moyen de les empêcher de faire des sottises est de nourrir leur cerveau et de les tenir occupés physiquement et intellectuellement. Si, malgré tout, ils sont espiègles, observez bien : il y a fort à parier qu'ils soient en train de créer une situation qui pourrait les amener à découvrir le but de leur existence. Dans ce cas, vous n'arriverez pas à les détourner de leur intention ou vous en constaterez le résultat après coup. Les accompagner patiemment dans ce processus est, en fin de compte, la meilleure solution pour tous.

Tous les parents, mais surtout les parents d'enfants indigo, pourront tirer profit des livres qui leur sont proposés ici.

• *Back in Control* – Comment amener votre enfant à bien se conduire, par Gregory Bodenhamer[9]. Ce livre part du principe que la discipline que vous instaurez se fonde sur le respect de vous-même et de votre enfant, en lui communiquant des choix clairs et des conséquences précises, et surtout, que vous assurez un suivi constant, ce qui est primordial.

• *The Life You Were Born to Live* – [*Votre chemin de vie,* éd du Roseau] Guide pour trouver sa voie, par Dan Millman[10]. Cet excellent livre vous aide à identifier et à reconnaître les forces et les faiblesses de chacun, et vous permet d'en faire ressortir les aspects les plus positifs. Accompagnez votre enfant et faites-lui comprendre pourquoi il possède ces talents spéciaux et pour quelle raison il doit faire face à ce genre de défis et de problèmes particuliers.

Les indigo excellent dans un environnement où les limites sont clairement définies quant à ce qui est acceptable et où l'on encourage l'exploration à l'intérieur de ces limites. Cela signifie que les parents, les éducateurs et ceux qui sont en relation avec lui doivent être en mesure d'établir des balises bien définies et de les respecter. En même temps, ils doivent faire preuve d'assez de souplesse pour au besoin modifier ou ajuster ces limites en fonction du développement émotionnel et mental de l'enfant, d'autant plus que les indigo changent rapidement. Fermeté et justice sont fondamentales autant pour l'enfant que pour ceux qui l'entourent.

Voici maintenant quelques conseils sur ce qu'il faut faire et éviter en tant que parents. Ces points vous sont familiers depuis longtemps. Vous les avez sans doute entendus toute votre vie, souvent de vos propres parents. Bien que les nouveaux paramètres d'éducation se fondent sur le bon sens, ils ne sont pas toujours mis en pratique. Avez-vous l'impression de répéter ce que vos parents vous ont dit ? Savez-vous ce que vous communiquez par vos mots et par vos actions à ces nouveaux enfants qui savent capter tous les messages, même les plus subtils ?

Le professeur Judith Spitler McKee, spécialiste en psychologie du développement de l'enfant, est conseillère et formatrice en psychologie de la petite enfance. Elle a écrit douze manuels sur l'apprentissage, le développement, le jeu et la créativité de l'enfant. Elle anime des ateliers destinés aux parents, aux enseignants, aux libraires, aux thérapeutes et aux médecins.

MESSAGES POSITIFS À NOS ENFANTS
par Judith Spitler McKee, Ph.D.

Tout enfant éprouve un besoin d'affection et d'attention, de temps, d'encouragement et de conseils de la part des adultes. Dans ses relations avec le monde adulte, l'enfant doit en tout temps se sentir aimé, apprécié, rassuré et intellectuellement stimulé et bien encadré. Nos messages verbaux et non verbaux doivent être imprégnés de joie et de chaleur, comme si ces petits étaient de précieux invités.

Très souvent, à travers les sentiments, les actions et les échanges avec les adultes, l'enfant ne se sent pas accueilli ; il a plutôt l'impression d'être un fardeau, une nuisance ou d'être mauvais. Ces messages négatifs peuvent avoir de graves répercussions sur sa croissance, son apprentissage, son goût de l'effort et sa créativité puisque l'adulte est son modèle et son soutien.

L'enfant en conclut alors qu'il est nul et indésirable. Ces messages engendrent chez lui de la crainte et affectent ses interactions avec le monde adulte ; ils peuvent même gravement perturber son développement global.

Par opposition, s'il perçoit de l'acceptation et de la joie, il s'épanouira parce qu'il se dira : « Je suis un bon enfant, et ce monde est positif et chaleureux. » Cette attitude lui permet de développer sa confiance et l'encourage à grandir, à apprendre, à fournir des efforts et à créer.

Susciter la confiance ou la méfiance chez l'enfant

Au fur et à mesure que l'enfant sentira dans son corps et dans son cœur que ses besoins fondamentaux, c'est-à-dire sa créativité, ses besoins physiques, émotionnels et intellectuels, sont assurés par tous ceux qui s'en occupent et les adultes qui font partie de ses jeunes années, il pourra laisser sa confiance s'épanouir. Il est important que les messages qu'il reçoit soient plus plaisants que désagréables, plus fondés sur l'amour que sur la peur. La confiance est le canevas sur lequel se tissent les liens, les échanges et le respect entre adultes et enfants.

Les situations suivantes constituent des exemples de messages positifs et négatifs que trahissent non seulement les mots mais aussi le ton de la voix. Les détails peuvent varier selon l'âge et la situation, mais le message sous-jacent reste toujours le plus important.

1. Votre petite fille entre du jardin couverte de boue et en pleurs. Elle veut se réfugier dans vos bras et que vous la réconfortiez.
   Attitude non accueillante : « Ne me touche pas, tu es toute sale. Quel gâchis ! Ne t'approche pas de moi ! »
   Attitude accueillante : « Quand tu m'as demandé de te prendre dans mes bras, j'ai d'abord pensé à mes vêtements, mais tu vaux plus que cela. Allons nous laver, ensuite nous pourrons aller nous blottir sur le divan et lire ton histoire préférée. »

2. Votre fils vous aborde à un moment très inopportun.
   Attitude non accueillante : Les yeux au ciel, vous pensez : « Ça y est, les problèmes qui commencent, ou bien, le voilà encore une fois ! Bon, une corvée de plus ! » Vous vous raidissez, les épaules vers l'arrière, les lèvres pincées, prête à l'affrontement.
   Attitude accueillante : Vous placez une main compatissante sur votre cœur et pensez à l'amour dont tous deux avez besoin et que vous pouvez partager. Laissez votre regard transmettre ce message et votre corps se détendre. L'enfant entendra clairement : « Je suis là pour toi. »

3. Votre enfant vous harcèle de questions ou vous devez constamment lui rappeler les règlements ou les consignes.
   Attitude non accueillante : Un ton de voix sec, indifférent, ennuyé ou aigu lui envoie comme message : « Tu m'embêtes réellement. Va-t-en ailleurs ! » Ou bien : « Tu n'es pas bienvenu ici ! » Ce genre de message, souvent répété, fera en sorte que l'enfant ne se sentira pas digne d'être aimé.
   Attitude accueillante : Considérez votre voix comme un outil dont vous pouvez moduler le ton et le registre. Quand vous vous sentez stressée ou fatiguée, prenez deux grandes respirations abdominales ; elles oxygéneront tous vos systèmes et vous aideront à penser avec plus de clarté.

4. Votre enfant est loin de la maison, hors de votre contrôle.
   Attitude non accueillante : « Ne va pas sur cette glissoire, tu vas te casser le cou comme cette petite fille que tu as vue à la télévision. Descends donc si tu ne veux pas te retrouver à l'hôpital ! » Ou encore, vous le mettez en garde : « Ne parle pas aux inconnus. Des gens bizarres rôdent partout. Appelle-moi dès que tu arriveras. » Ces attitudes où le pire est toujours à craindre finissent par engendrer chez lui la peur, un sentiment de malaise ou une sensation physique de danger imminent. Il est bien connu que les émotions négatives déclenchent un afflux d'hormones reliées à la peur et à la

bagarre qui peuvent grandement affaiblir le système immunitaire et provoquer des maux d'oreilles ou des malaises digestifs.
Attitude accueillante : « Je sais que nous avons souvent parlé de sécurité et que je t'ai dit d'être vigilant en présence d'inconnus. Y a-t-il quelque chose que tu aimerais me demander avant d'aller au concert avec tes amis ? Je suis certaine que tout se passera bien aujourd'hui parce que tu es prudent et que tu es débrouillard. Je sais aussi que tu écoutes ce que ta tête et ton cœur te disent. En tout temps, tu peux appeler à la maison si tu as besoin de quoi que ce soit ou si tu veux tout simplement nous parler. D'accord ? » Lorsque vous suscitez positivement les actions à poser, vous renforcez ces habitudes chez votre enfant.

5. Vous n'avez pas tenu la promesse que vous aviez faite à votre enfant.
Attitude non accueillante : « Cesse de pleurnicher parce que tu n'es pas allé à la foire avec tes cousins. Reviens-en ! Quand j'avais ton âge, personne ne m'emmenait où que ce soit. » Ici, vous avez omis les raisons pour lesquelles vous n'avez pas tenu votre promesse. Dans ce cas, le message que vous envoyez à votre enfant transmet : les adultes se fichent des besoins des enfants, ou on ne peut se fier à leur parole.
Attitude accueillante : « J'étais tellement absorbée par mon travail que j'ai complètement oublié de t'amener à la foire avec tes cousins. Je suis désolée. Si on parlait un peu de ce que tu ressens. »

Induire de la honte ou de la culpabilité chez l'enfant

Il arrive parfois que les adultes utilisent la honte ou la culpabilité pour atteindre leurs fins parce que c'est ce qu'ils ont vécu dans leur enfance. Ces techniques très néfastes semblent porter fruit puisque l'enfant change effectivement de comportement, surtout si cela se passe devant d'autres personnes. Elles sont efficaces, mais à quel prix ! La honte et la culpabilité gratuites affectent la spontanéité de l'enfant et ce sont des expériences émotionnelles si puissantes qu'elles peuvent freiner sa curiosité, ses activités ainsi que sa créativité. Les enfants apprennent rapidement à se méfier des autres ou à déformer la vérité. Au lieu de recourir à la honte et à la culpabilité, induisez l'attitude souhaitée, encouragez l'enfant à essayer de nouveau, expliquez-lui les conséquences de ses actions et offrez-lui des choix raisonnables adaptés à ses besoins.

1. Votre enfant a fait dans sa culotte.
   Attitude non accueillante : « Mauvaise, tu es une mauvaise fille ! Tu sais qu'on ne doit pas faire dans sa culotte (ni sur le divan de grand-mère). Tu l'as fait exprès. Tu vas nettoyer cette saleté toute seule. Que je ne t'y reprenne pas ! Ce que tu me fais honte ! »
   Attitude accueillante : « Oh, oh ! On dirait que tu as eu un petit accident. Ce n'est pas grave, je vais t'aider à te changer, tu te sentiras mieux. » Vous pouvez ensuite lire ensemble une histoire portant sur la propreté et en rire toutes deux en feuilletant le livre de Taro Gomi, *Everyone Poops*[11].

2. Votre fils flâne à table, mange lentement ou refuse d'avaler certains aliments.
   Attitude non accueillante : « Dépêche-toi, ça ne sert à rien de t'entêter, et puis tu me fais perdre mon temps. Avale tous les petits pois immédiatement et si tu ne veux pas de viande, tu vas rester tout seul à la table. Maintenant, je m'en vais, mais quand je reviendrai, je ne veux plus rien voir dans ton assiette. Ne fais pas le capricieux ; si tu ne mange pas tout ce qu'on te sert, tu vas être malade. »
   Attitude accueillante : En mimant l'attitude d'une personne qui mange convenablement, vous lui dites : « Je veux que tu fasses la même chose que moi : je prends une bouchée de riz. Ce plat est un peu différent de ce que nous mangeons

habituellement, mais il a bon goût. D'accord, maintenant à toi de goûter. Crois-tu que ton ourson aimerait en avoir aussi ? » Après le repas, continuez à parler de ce sujet en lisant avec lui *This Is The Way We Eat Our Lunch*[12] ou *Everybody Cooks Rice*[13].

3. Votre fille refuse d'avaler certains aliments parce qu'elle ne les aime pas, parce qu'elle est malade ou allergique à une substance, ou encore par peur de prendre du poids ou d'être rejetée, ou enfin parce qu'elle imite des adultes capricieux ou à la diète.
   Attitude non accueillante : « Je n'attends pas une minute de plus pendant que tu cherches des aliments sans gras, sans calorie et qui ne te feront pas grossir. Tout le monde te regarde ; cesse de te comporter comme une imbécile ! »
   Attitude accueillante : « Préparons quelques menus ensemble, nous trouverons bien des aliments que nous avons envie de manger. Voici deux menus que je te propose. Il y a un article, ici, sur les éléments nutritifs dont notre corps a besoin et sur les aliments dans lesquels on les retrouve. Peut-on reparler de tout cela plus tard ? »

4. Votre enfant éprouve une peur obsédante, irrationnelle ou exagérée à propos d'une situation, d'une personne ou d'un animal.
   Attitude non accueillante : « Pour l'amour de Dieu, tu n'as que sept petites lignes de poésie à réciter à la cérémonie de fin d'année. D'autres enfants en ont beaucoup plus que toi. Tu agis comme un vrai bébé. Alors, va dans ta chambre, et au boulot ! Et fais en sorte que je sois fier de toi ! »
   Attitude accueillante : « Veux-tu me montrer le poème que tu vas lire à la cérémonie de fin d'année ? Je crois que ton professeur t'a choisi parce qu'il était convaincu que tu pouvais très bien le faire. Préfères-tu t'exercer seul ou veux-tu que je te donne un coup de main ? »

5. Votre enfant semble défier les règlements et l'autorité des adultes ou vous impatiente royalement. À l'école, il ment, triche ou néglige ses activités.
   Attitude non accueillante : « Espèce de menteur ! Tu as fait exprès de me faire honte en racontant cet horrible mensonge à ton professeur (ou en trichant à l'examen ou en ne te présentant pas au cours de danse ou à la pratique de soccer). La prochaine fois que tu auras besoin d'aide, ne compte pas sur la mienne ou sur celle de ton professeur ! Tu es privé de sortie pendant les quatre prochaines semaines. Tu ne mérites même pas qu'on t'écoute après cet horrible mensonge. Sors d'ici, je ne veux plus te voir ! »
   Attitude accueillante : « Que tu aies dit ce mensonge me contrarie. J'ai compris un peu en parlant à ton professeur, mais j'aimerais que tu me donnes ta version des faits. C'est important de parler de ce qui s'est passé et de ce que tu ressens. Ensuite, on verra comment régler la situation. Je veux te faire confiance à l'avenir et pour cela, j'ai besoin de ta collaboration. »

Prénoms, surnoms et sobriquets

Une des façons de différencier les enfants est de leur donner des surnoms. Trop souvent, ces derniers sont le fruit de stéréotypes dictés par la culture ou le sexe et peuvent exercer un effet défavorable sur la confiance de l'enfant en lui-même et sur son autonomie. De plus, les surnoms sont souvent unidimensionnels, niant ainsi les multiples talents qui sommeillent en nous[14].

Puisque les enfants s'identifient généralement à leurs comportements ou aux noms qu'on leur attribue, leurs surnoms peuvent les emprisonner dans un certain déterminisme. Même des sobriquets amusants ou des surnoms apparemment anodins peuvent agir sur leur développement et leur apprentissage, un peu comme le gel affecte une jeune pousse. Certaines aptitudes ou des intérêts peuvent être mis de côté en cours de route, et des talents naturels flétriront faute d'attention ou de soin. Essayez de voir votre enfant avec les yeux du naturaliste ; observez et attendez patiemment que son caractère unique se révèle et s'exprime.

Accompagnez vos enfants dans les actions et les intérêts qui soulèvent leur enthousiasme et faites-leur explorer le plus grand nombre d'occasions, de lieux, d'idées, de personnes. Cette variété d'expériences favorisera un climat d'acceptation et d'égalité entre les adultes et les enfants, et il en résultera pour tous un sentiment d'appréciation et de joie. Voici quelques suggestions pour tous ceux qui côtoient les enfants.

1. À certains moments, votre enfant vous rappelle inconsciemment l'un de vos traits de caractère.
   Attitude non accueillante : « Elle est si désordonnée ; sa chambre est un véritable capharnaüm. Je suis un peu comme cela moi aussi quand je suis débordée. Quand j'élève le ton, elle range sa chambre ; elle déteste cela mais elle le fait parce que je la talonne. » Ou vous lui dites : « Cesse de te prendre pour la reine de Saba ! Personne ne supporte que tu agisses comme si tu étais seule ici. Tu pourrais me respecter en public. »
   Attitude accueillante : « Nous nous ressemblons à bien des égards, mais nous sommes différentes aussi. Elle est très créative et mène toujours plusieurs projets en même temps, tout comme moi. Nous devons apprendre à tolérer notre désordre puisque ni l'une ni l'autre n'aime nettoyer ou jeter les objets qu'elle pense utiliser plus tard. »

2. Des problèmes non résolus avec d'autres membres de la famille peuvent fausser votre perception du comportement de votre enfant.
   Attitude non accueillante : « C'est le plus difficile des enfants ; il me rappelle mon frère ; ce sont deux obstinés qui n'en font qu'à leur tête. Je peux lui répéter cent fois la même chose, il n'écoute jamais, surtout quand il lit ou qu'il est devant l'ordinateur. Ça m'énerve et me fatigue. »

Attitude accueillante : « Ian ressemble beaucoup à mon jeune frère ; ils sont tous deux très intenses dans leurs façons d'exprimer ce qu'ils aiment et n'aiment pas. Quand ils sont occupés à quelque chose qui les intéresse, ils sont complètement absorbés par cette affaire pendant très longtemps et ne veulent pas être dérangés sous aucun prétexte. »
Une autre attitude pourrait être : « Ian, je sais qu'il est désagréable de se faire interrompre quand on est concentré sur quelque chose, mais nous devons partir dans dix minutes. Je sais que tu m'entends. Dans cinq minutes, la minuterie sonnera ; de cette façon, nous pourrons partir à temps. »

3. Encadrer l'enfant dans un stéréotype peut l'amener soit à se résigner à cette étiquette, soit à la rejeter violemment. Même les surnoms positifs ou les flatteries peuvent causer en lui un profond sentiment d'infériorité et installer l'idée qu'il n'a pas droit à l'erreur ou qu'il doit demeurer dans les sentiers battus.
Attitude non accueillante : « Michael, c'est le cerveau de la famille. Nous avons su qu'il était brillant quand il a commencé à percer ses dents avant les autres enfants. À son deuxième anniversaire, ses grands-parents lui ont ouvert un compte pour qu'il fasse ses études dans l'un des meilleurs collèges privés. C'est un enfant qui préfère l'étude aux relations sociales. Nous serons tous fiers de lui un jour. »
Attitude accueillante : « Michael, nous avons toujours été fiers de toi, pour bien des raisons. Tu consacres tous tes efforts aux travaux scolaires. Que dirais-tu d'étendre tes activités, d'explorer un domaine différent, par exemple le monde de la musique, comme le fait Caroline, ta cousine préférée ? Ou encore, tu pourrais faire du bénévolat avec oncle Bernard au centre communautaire. Qu'en penses-tu ? »

4. Évitez d'encourager les efforts de votre enfant dans un seul domaine ou de ne voir qu'un potentiel limité ou seulement quelques aspects de sa personnalité. Bannissez les comparaisons entre les membres de la famille et respectez le fait

que chacun a son propre chemin à suivre.
Attitude non accueillante : « J'ai toujours voulu avoir une enfant sociable. Eh bien, voilà Miss Popularité. Il n'y a rien qu'elle ne ferait pas pour être la plus populaire partout. » Ou encore : « Tous mes enfants sont des sportifs. Ils passent tellement de temps au gymnase : j'espère au moins qu'ils décrocheront des bourses pour l'université. Mon beau-fils, lui, c'est Monsieur Math, sérieux, logique ; il est toujours à son affaire et ne sème jamais le trouble. »
Attitude accueillante : « Les enfants sont si différents les uns des autres ; chacun a ses forces et ses talents. Ce serait facile de les cataloguer, mais j'interdis à qui que ce soit de le faire. Je sais que chacun d'entre eux découvrira ses intérêts et relèvera ses défis au moment opportun. Les aider à trouver leur propre chemin est une véritable aventure. »

Dans le fait vécu suivant, l'adulte partage avec l'enfant une partie de sa propre vie et fait l'éloge des personnes qui l'ont soutenu au cours de son cheminement. L'approche proposée peut être très efficace et libératrice en ce sens qu'elle aide l'enfant à explorer ses talents cachés et à découvrir d'autres dimensions de ce monde en perpétuelle évolution. Lorsque l'enfant sait intérieurement que l'adulte a confiance en lui et qu'il l'aimera inconditionnellement, il comprend alors que la vie est un voyage et un cheminement que l'on effectue seul, mais que l'on partage avec d'autres.

« Je sais que tu fais de ton mieux à la maison (ou à l'école) pour découvrir qui tu es. J'ai vécu la même chose quand j'avais ton âge et je sais que tu te demandes en quoi tu es différent des autres. Je veux que tu saches que j'ai confiance en toi et que je serai toujours là pour t'aider quand tu t'efforceras de suivre tes intérêts et tes passions. Je suis reconnaissante envers la vie de m'avoir donné une mère qui a su me faire suffisamment confiance et me donner assez d'amour et de liberté pour me permettre d'explorer différents domaines et d'avoir ma propre personnalité. Je savais qu'elle me ferait toujours confiance quels que soient mes choix dans la vie. Chaque jour, j'ai senti son amour et sa lumière dans ma vie et aujourd'hui encore, je les sens. »

Bâtir, reconstruire et guérir les liens familiaux

Toute relation suppose la confiance en soi et envers les autres. Lorsque l'enfant évolue dans un milieu sécurisant et fondé sur la confiance, son sentiment d'appartenance et ses relations avec les autres peuvent se développer normalement. Il peut alors apprendre à communiquer, à collaborer et à cocréer autant avec les adultes qu'avec ses pairs. Il reçoit alors un puissant message d'espoir en l'avenir et la conviction que tout se passera bien quoi qu'il arrive[15].

Par contre, si sa confiance a été minée, on doit honnêtement et systématiquement rebâtir les liens. L'enfant humilié à qui l'on a inutilement causé un sentiment de culpabilité devra passer par une étape de guérison avant de pouvoir à nouveau envisager la vie de façon sereine. De plus, il est nécessaire que parents et enfants se pardonnent mutuellement et avec sincérité les blessures qu'ont engendrées les surnoms et les sobriquets humiliants.

La nature, les arts, la littérature, les jeux et le rire sont autant de remèdes naturels propices à rebâtir les relations parents-enfants. Le jeu fournit un contexte sécurisant ; il est propice à la croissance et à l'interaction, et convient à tout âge[16]. Le plaisir et le rire créent des occasions de retrouver la joie du cœur et favorisent les liens ainsi que les échanges tout en donnant un sens et un but à la vie.

Les objets et les activités qui suivent ont pour but de vous aider à créer des situations où existe le jeu pour le jeu, sans perdant ni gagnant, dans la non-compétition et où tous les participants se partagent le contrôle.

1. Pour les tout-petits (de la naissance à trois ans)
   - Réservez une chaise berçante avec oreillers et animaux rembourrés pour les câlins de la sieste et de l'heure du coucher.

• Jouez à cache-cache et faites participer oursons, canards, girafes ou encore votre chat ou votre chien.
• Faites-leur explorer les jeux d'eau avec des passoires, des entonnoirs, des tasses, des bateaux dans des bassins, des seaux ou de petites pataugeoires. Créez des effets spéciaux en ajoutant du colorant bleu ou vert.
• Prenez plaisir à lire : *Goodnight Moon*[17], *Jamberry*[18], *Barnyard Dance*[19], *Babybug Magazine, I Love my Mommy Because*[20], et *I Love my Daddy Because...*[21].

2. Pour les trois à six ans
• Mimez des séquences des *Trois Petits Chats* et des *Trois Oursons* ou racontez leur histoire préférée. Invitez-les à participer, sans insister.
• Chantez les chansons qu'ils aiment ou celles qui les font rire.
• Dansez le *bunny hop* ou le *hokey-cokey* ensemble.
• Inventez des danses imitant les animaux, comme la *Danse du canard*, *Froggy Hop* ou *Kangaroo Highhop*.
• Élaborez des constructions à partir de sable humide ou de pâte à modeler.
• Amusez-vous à lire *Ainsi va la vie avec Max, Le Joueur de Flûte* [éd Souffle d'Or], la collection des éd. La Courte Échelle, *Tale of Peter Rabbit*[22], *The Lady With The Alligator Purse*[23], *The Temper Tantrum Book*[24] ou *The Little Engine That Could*[25].
• Écoutez des chansons sur cassettes audio telles que *Baby Beluga*[26] de Raffi, *A Twinkle in Your Eye* de Burl Yves[27] ou *Winnie the Pooh*[28] lue par Charles Kuralt.

3. Pour les sept à onze ans
• Participez à la construction avec l'ensemble Blockhead™.
• Stimulez leur créativité à l'aide de Magna Doodle™, Spirograph™ ou Etch-a-Sketch™.
• Explorez la nature en écoutant une vidéo du *National géographique.*

• Lisez *Doctor Knock Knock*[29] et les devinettes comiques, particulièrement celles de la collection de Joseph Rosenbloom[30] ou de Katy Hall et Lisa Eisenberg[31].
• Lisez et mimez vos séquences préférées de *The Berenstain Bears and The Messy Room*[32], *The Berenstain Bears and Too Much TV*[33], ou *The Berenstain Bears and Too Much Junk Food*[34].
• Amusez-vous en lisant *Charlotte's Web*[35] ou en l'écoutant sur cassette audio, interprétée par l'auteur, *E.B. White*[36].
• Lisez l'histoire de *James Herriot's Treasury for Children*[37], inspirée de la vie de ce vétérinaire anglais.
• Faites-leur lecture de *Children Just Like Me*[38], *Fathers, Mothers, Sisters, Brothers: A Collection of Family Poems*[39] ou *Le Magicien d'Oz*[40] ou encore visionnez ensemble le film tourné en 1939.
• Visionnez *E.T., Babe* ou *La Grenouille et la Baleine.*
• Écoutez la cassette audio de *Ramona Forever*[41], lue par Stockard Channing, ou *L'histoire du Dr. Doolittle*[42].

4. Pour les douze ans et plus
• Faites des promenades avec votre chien ou allez nourrir des animaux dans un parc ou un zoo.
• Jouez à la balle Koosh™ en utilisant seulement vos pieds.
• Mimez une situation embarrassante, comme celle de porter deux souliers de couleurs différentes ou d'oublier votre nom.
• Imaginez que vous êtes comédiens et exprimez diverses émotions telles que le rire, la déception, la colère, la tristesse, la satisfaction ou l'incompréhension.
• Jouez aux cartes ensemble à l'ordinateur.
• Lisez les bandes dessinées à voix haute.
• Amusez-vous à lire les rimes et les jeux de mots de *Walking the Bridge of Your Nose*[43].
• Lisez les biographies de Kathleen Krull remplies de petits articles originaux comme *Lives of the Athletes, Lives of the Artists, Lives of the Musicians, Lives of the Writers (and What the Neighbors Thought)*[44].

- Lisez, chacun à votre tour, la biographie d'une personne que vous admirez.
- Visionnez les films *Apollo 13, Shiloh, The Amazing Panda Adventure*.
- Écoutez la cassette audio *A Wrinkle In Time*[45] de Madeleine L'Engle.

La grâce d'un petit indigo

Un jour qu'il s'adressait à un groupe, on avertit le Dalaï-Lama qu'un enfant atteint de cancer voulait le rencontrer. Il invita tout de suite l'enfant à le rejoindre sur l'estrade. Arborant le sourire magnanime qui le caractérise si bien, le Dalaï-Lama lui demanda avec respect s'il voulait bien exprimer spontanément sa pensée à l'auditoire. Sans aucune hésitation, l'enfant se tourna vers la foule et dit :

« Je suis un enfant atteint de cancer, mais je suis d'abord un enfant. J'ai besoin de jouer ; j'ai besoin de rire ; j'ai besoin que vous voyiez la joie dans mon cœur. Ensuite, vous pourrez voir le cancer de mon corps. »

Cette histoire empreinte de simplicité a aussi un sens profond pour les enfants indigo. C'est vrai, ils sont différents, ce sont de vieilles âmes ; ils ont une mission sur cette terre ; ils sont inspirés et dotés d'aptitudes et de talents particuliers. Ils sont tout cela, mais ce sont d'abord des enfants. Il est important de nous rappeler ce fait afin de mieux respecter leur nature particulière.

Cette nature particulière exige des techniques de discipline spéciales. Robert Gerard nous livre ses réflexions et ses conseils là-dessus.

LA DISCIPLINE ET L'ENFANT INDIGO
par Robert Gerard

La discipline est extrêmement importante pour les enfants indigo, voire vitale. Étant alertes et créatifs, ils aiment essayer de nouvelles choses et sonder leurs limites. Ils ont besoin d'être rassurés, ils veulent savoir où se situent les limites de sécurité et quels types d'expériences ne leur rendent pas service. De nombreux parents indiquent à leurs enfants ce qu'il faut faire et ne pas faire. Cette attitude étouffe leur créativité et les empêche de s'exprimer ; elle les amènera aussi à répliquer, à être sur leurs gardes et les rendra détestables.

Je préconise le terme « discipliner avec amour », qui sous-entend un processus disciplinaire respectant le cheminement spirituel de l'enfant. Vous disciplinez votre enfant avec amour quand :

- vous lui donnez les renseignements dont il a besoin et l'amenez à participer et à jouer un rôle actif ;
- vous évitez les malentendus en lui donnant des explications simples ;
- vous agissez avec lui au lieu de réagir à lui ;
- vous évitez de lui donner des ordres ;
- vous respectez votre parole ;
- vous gérez chaque situation au fur et à mesure ;
- vous ne le frappez jamais ni n'utilisez de langage abusif ;
- vous laissez toujours l'amour imprégner vos émotions ;
- vous transformez la réprimande en moment de pause ;
- vous échangez sur ce qui s'est passé, après la réprimande ;
- vous revenez auprès de lui et vous assurez que toute difficulté ou émotion négative ont disparu.

Étonnamment, votre enfant vous respectera parce que vous avez la sagesse de lui permettre d'exprimer son énergie de petit indigo. J'accorde beaucoup de liberté à ma fille Samara et lui laisse aussi l'espace pour exprimer sa créativité ; cependant, je suis plus strict quant à son attitude et à son comportement.

Samara me trouve un peu dur, du moins en apparence ; par contre, elle connaît bien mes limites et mes seuils de tolérance, et quand je la discipline, elle me remercie invariablement d'avoir géré la situation avec elle.

Jouer les superparents est fortement à déconseiller. Beaucoup de parents craignent d'être mis de côté par leurs enfants ou de perdre leur amour. Pour gagner leurs faveurs, ils se montrent trop indulgents ou surprotecteurs. Lorsque l'enfant constate qu'il peut exercer un contrôle sur l'adulte, il ne manque pas de le faire et peut même aller jusqu'à inverser les rôles. Cette attitude complique la relation parent-enfant et empêche ce dernier de vivre sa propre vie.

Il est important que les parents demeurent conscients des liens qu'ils entretiennent avec les indigo. J'aimerais vous faire part du conseil qu'un clairvoyant m'a un jour donné et qui m'a grandement aidé. Il m'a dit : « Robert, ta fille a besoin de conseils, d'amour et de discipline et non de parents. Elle connaît le but de sa vie et sa mission, alors sois son guide. »

L'enfant indigo et l'école

> Il a fallu nous bourrer le crâne de toutes ces choses, que nous les aimions ou pas. Cette contrainte a eu pour effet de me dégoûter de toute question scientifique pendant toute l'année qui a suivi l'examen final... C'est un véritable miracle que les méthodes modernes d'éducation n'aient pas complètement étouffé la précieuse curiosité de l'enfant. Cette délicate fleur a besoin d'encouragement, certes, mais elle a aussi besoin de liberté, faute de quoi elle flétrira à coup sûr. C'est une grave erreur de croire que l'on puisse transmettre l'amour de la connaissance et de la recherche par la contrainte et le sens du devoir.
>
> Albert Einstein

Qu'y a-t-il à dire du système d'éducation ? Il doit être changé et s'adapter aux enfants indigo. Ces changements se produiront parce que de nombreux professeurs, frustrés par la situation actuelle, exigent que l'on tienne compte de ce fait nouveau et que l'on amorce les réformes nécessaires. On sera bien obligé de constater que les résultats des tests d'aptitudes scolaires sont faibles non pas à cause du potentiel intellectuel ou des habiletés des enfants, mais plutôt à cause de la réaction des enfants à ces tests. Cette prise de conscience aura comme effet d'amener planificateurs, administrateurs et psychologues à revoir les concepts d'éducation et d'instruction en fonction des tests d'évaluation, ce qui, à mon avis, constitue la question fondamentale.

Les propos qui suivent proviennent d'éducateurs que le problème préoccupe. Suivront des renseignements sur les écoles et les méthodes innovatrices qui donnent de bons résultats auprès des indigo et des enfants difficiles.

C'est notre façon de vous aider à garder espoir. On ne peut abandonner les enfants aux bons soins du système actuel et s'en laver les mains. Il y a des choses à faire et d'autres lieux à explorer. Je suis convaincu que cet effort vaut la peine d'être fait.

Nous vous présentons maintenant Robert P. Ocker, conseiller d'orientation du district de Mondovi, au Wisconsin. C'est un marchand d'espoir, un agent de changement dont la passion et la mission ont toujours été de guider et d'accompagner les jeunes dans la vie. Il a donné de nombreuses causeries et conférences à des groupes de tous âges, leur enseignant à résoudre leurs problèmes, leurs conflits, à développer leur caractère ainsi que leur sens des responsabilités. Le Wisconsin School Counselors Association l'a désigné comme l'un des chefs de file de l'avenir en éducation. Nous éprouvons aussi beaucoup de respect pour Robert.

✧ ✧ ✧

UN VOYAGE AU CŒUR DU CŒUR
Une vision de l'éducation pour les pionniers des nouveaux paradigmes
par Robert P. Ocker

À l'aube du 21e siècle, l'éducation personnelle et scolaire des enfants est devenue l'une des questions les plus fondamentales. En effet, nous assistons à un changement de paradigme où l'éducation de l'enfant doit être envisagée sous un nouvel angle et empreinte d'espoir et d'inspiration, ce dont rêvent tous les enfants. Il nous faut modifier notre conception même de la vie afin de créer une pédagogie globale adaptée aux besoins de l'humanité du troisième millénaire. Nos enfants sont les adultes du nouveau paradigme et méritent que nous les y préparions. Notre futur en dépend aussi.

À titre d'éducateurs, nous exigeons des changements de la structure sociale ; nous demandons aussi que la notion même d'éducation soit entièrement repensée. L'éducation des enfants est un art que nous pouvons transformer ; il n'en tient qu'à nous, éducateurs, de le faire.

Nous devons envisager la nature humaine autrement et guider, accompagner nos enfants et nos élèves dans une démarche de paix et de discipline intérieure.

Au fil de leur croissance, nous devons les aider à devenir ce qu'ils sont et à choisir les outils qui les mèneront à maturité dans le respect de leur véritable essence. Avec sagesse et amour, nous orienterons ces enfants spéciaux afin qu'ils deviennent des êtres responsables, respectueux et pleins de ressources.

Pour devenir pionniers de ce nouveau paradigme, nous devons réévaluer le sens, le but et le rôle de l'éducation et changer notre vision de la vie. Nous devons apprendre à nos enfants non pas *quoi* penser mais plutôt *comment* penser. Notre rôle ne consiste pas à leur transmettre la connaissance ou nos valeurs mais la sagesse qui, en fait, est la connaissance vécue. Nous leur permettons ainsi de découvrir leur vérité et leur propre sagesse et de devenir nos guides à leur tour. Il est clair que la connaissance doit se transmettre d'une génération à l'autre, car connaissance et sagesse vont de pair, mais il est aussi important que les enfants fassent leurs propres découvertes.

J'aime imaginer l'école du 21e siècle comme un lieu où l'enfant apprend à développer ses compétences et ses aptitudes plutôt que sa mémoire. Susciter chez lui le sens critique, l'imagination, l'honnêteté et le sens des responsabilités doit être au cœur même de nos préoccupations en cet autre millénaire. Les nouveaux éducateurs sont des êtres humains qui vivent l'amour inconditionnel et se dédient corps et âme à l'éducation de ceux qui deviendront les citoyens de demain. Ils ont compris que la véritable éducation englobe à la fois le corps, l'esprit et l'âme dans une optique de liberté et d'autonomie. En participant à ce renouveau, vous contribuerez non seulement au bonheur des enfants mais aussi à celui de l'humanité future.

Robert nous apportera d'autres précieux conseils un peu plus loin. Pour l'instant, accueillons les commentaires et les observations de Cathy Patterson, enseignante en éducation spécialisée du Canada. Elle fait partie de l'équipe de gestion de programmes spéciaux pour les enfants en difficulté. Comme Debra Hegerle et Robert Ocker, elle les côtoie tous les jours en milieu scolaire.

STRATÉGIES POUR GUIDER L'ENFANT INDIGO

par Cathy Patterson

Je suis enseignante auprès d'élèves en difficulté et en charge d'un programme éducatif destiné aux enfants qui éprouvent de graves problèmes de comportement. Au fil des ans, j'ai travaillé auprès de nombreux élèves qui souffrent réellement de problèmes et de troubles émotionnels divers ; j'ai également aidé leurs professeurs et leurs parents.

J'ai aussi rencontré un certain nombre d'enfants chez qui professeurs et médecins présumaient ou avaient diagnostiqué un problème d'attention simple avec ou sans hyperactivité, mais qui n'avaient plus besoin de recourir aux médicaments lorsqu'on répondait à leurs besoins émotionnels ou que l'on appliquait des stratégies comportementales, tant à la maison qu'à l'école. En conclusion, si ces enfants ont réagi positivement à ces interventions, c'est que le diagnostic de départ était inexact.

Bien sûr, certains enfants souffrent réellement de problèmes d'attention et d'hyperactivité pouvant être causés par des déséquilibres neurologiques ou même des dommages cérébraux. Ces enfants ont besoin de médicaments appropriés. Ce ne sont probablement pas tous des indigo, et dans leur cas, la médication donne de meilleurs résultats que les thérapies comportementales parce qu'ils ont peu de contrôle sur leur réaction et parfois même aucun.

Dans les prochaines pages, j'aborderai la question des changements qu'entraîne cette nouvelle énergie que l'on ne peut manquer d'observer dans notre système d'éducation scolaire. Je traiterai aussi de certains problèmes et des vieux modèles disciplinaires qui affectent quantité d'enfants émotivement perturbés dont beaucoup sont sans doute des indigo. Enfin, je proposerai aux parents et aux éducateurs quelques stratégies pratiques qui aideront les enfants et leur permettront de s'assumer tout en leur procurant les balises et les limites nécessaires.

La vieille école repose sur la croyance fondamentale que l'enfant est un réceptacle vide qu'un expert, l'enseignant, doit emplir de connaissances. Le système traditionnel veillait à ce que les jeunes deviennent d'honorables membres de la société en apprenant tout ce qu'il fallait savoir pour trouver un bon emploi plus tard. On leur apprend à écouter et à jauger leur estime de soi en fonction de la qualité de leurs productions écrites. On humilie les enfants en les comparant les uns aux autres, croyant ainsi stimuler leur goût pour l'écriture. Dans cette optique, tout enfant qui n'entre pas tête première dans le moule est étiqueté « enfant présentant des problèmes ».

Fort heureusement, les nouveaux éducateurs s'emploient à promouvoir de nombreuses techniques et stratégies centrées sur les besoins des enfants, comme l'auto-évaluation, l'enseignement individualisé, l'évaluation des dossiers ainsi que des conférences structurées pour et par les élèves. Dans le bulletin scolaire, par exemple, les enseignants du primaire de la Colombie-Britannique n'utilisent plus la lettre E pour échec ; ils emploient plutôt EP, c'est-à-dire « en progression », pour souligner que l'enfant a besoin de plus de temps pour atteindre les objectifs du cours. L'enseignant doit ensuite élaborer un plan qui aidera celui-ci à atteindre ses objectifs.

Certains enseignants ont également mis sur pied des programmes permettant aux enfants de s'assumer et d'explorer leurs aptitudes de chefs telles la médiation et la consultation, ainsi que des projets pour combattre la violence à l'école. Les parents y jouent aussi un rôle plus actif grâce aux comités consultatifs qui font la promotion d'activités donnant lieu à des collectes de fonds pour l'école. Beaucoup font du travail bénévole et donnent un coup de main dans les classes du primaire.

Certaines méthodes disciplinaires reflètent encore l'ancienne vision de l'éducation : quand l'enfant refuse de se conformer aux exigences, on l'envoie d'abord dans le couloir puis chez le directeur, qui lui fera alors son petit laïus sur la manière de se comporter en classe. L'étape suivante est le renvoi à la maison. Cette conception de la discipline fait en sorte que l'enfant apprend à répondre à ses besoins d'attention et de reconnaissance de façon négative. Il comprend vite qu'il peut retirer beaucoup de plaisir en attirant l'attention, en provoquant des rigolades et l'impatience du professeur, et en recevant l'appui de ses pairs. Il devient alors quelqu'un, surtout si le phénomène se reproduit fréquemment.

Dès la naissance, les enfants indigo éprouvent le besoin d'être reconnus et populaires. Il est donc important de bien gérer leurs besoins, faute de quoi ils peuvent nuire à leur scolarisation. Ils savent très rapidement faire sortir les adultes de leurs gonds par un simple petit sourire narquois. Ils deviennent alors les bouffons de l'école. Les renvoyer à la maison n'est pas une bonne solution non plus dans leur cas parce qu'ils échappent ainsi aux travaux scolaires et qu'ils peuvent profiter de ce congé pour regarder la télévision ou s'amuser à leurs jeux vidéo.

Les parents seraient atterrés d'apprendre combien de temps les enfants passent dans les couloirs d'école. Même si on leur donne des travaux scolaires, ces élèves passent ce temps de retrait à attirer l'attention de leurs pairs et à s'adonner à toutes sortes de pitreries.

Un grand nombre d'enfants arrivent au secondaire en accusant de graves lacunes scolaires à cause de tout ce temps perdu dans les couloirs d'école. Pour d'autres qui proviennent de familles instables ou de foyers d'accueil, la situation est encore plus critique ; en effet, certains d'entre eux terminent leur primaire sans savoir lire.

Fort heureusement, ces vieilles méthodes disciplinaires commencent à changer et je crois fermement que les parents en sont en partie responsables. Il est important qu'ils s'informent des méthodes disciplinaires préconisées à l'école et qu'ils veillent aussi à ce que l'on réponde aux besoins de leurs enfants. Je suis membre d'un comité qui étudie d'autres stratégies d'intervention et de soutien auprès des élèves. Finie l'école traditionnelle où l'enfant qui ne reste pas assis bien sagement sur sa chaise est considéré comme étrange ou anormal, renvoyé chez lui ou classé dans des programmes d'éducation spécialisée.

L'école répond-elle aux besoins de votre enfant ?

L'enfant a besoin de protection, d'attention, de respect, de dignité et d'un endroit où il se sent en sécurité. Les questions suivantes peuvent aider les parents à juger si l'école répond correctement aux besoins de leur enfant. Ils y trouveront aussi quelques stratégies utiles.

1. L'école que fréquente votre enfant a-t-elle établi un programme disciplinaire ? Y punit-on les enfants en les envoyant dans le couloir ou en les renvoyant à la maison lorsqu'ils ont des

problèmes de comportement ? Si oui, proposez-leur d'autres solutions.

2. Quelle ambiance règne-t-il dans la classe ? Les travaux des enfants sont-ils affichés au babillard ou sur les murs de la classe ? L'enfant est-il accueilli avec respect ? L'enseignant sait-il féliciter l'élève et adopte-t-il une attitude positive ?

3. L'enseignant encourage-t-il l'enfant à se prendre en main et à développer son sens des responsabilités en créant des activités spéciales, une section Méritas, un tableau des célébrités et des cercles d'entraide ?

4. Les élèves prennent-ils part aux processus décisionnels ? Peuvent-ils participer à l'élaboration des règlements ? Y a-t-il des causeries dirigées par les enfants, des conseils et des réunions de classe ?

5. La classe est-elle bien organisée ? Les enfants connaissent-ils leurs responsabilités et les attentes de leur titulaire ?

6. L'enseignant morcelle-t-il les consignes afin de ne pas surcharger l'enfant de directives ? Les enfants souffrant de déficits de l'attention ne peuvent suivre plus d'une ou deux consignes à la fois et, souvent, celles-ci doivent être accompagnées de signes visuels qui leur permettent de se repérer dans le temps. Par exemple, ce peut être un système constitué d'étoiles représentant les étapes parcourues. Une fois l'objectif atteint, l'enfant peut se reposer ou passer à une autre activité de son choix.

7. L'enfant connaît-il le but de ses tâches ? S'il demande pourquoi il doit accomplir telle ou telle chose, le professeur lui répond-il de manière amicale en lui expliquant les conséquences ?

8. Des pauses sont-elles prévues afin que les enfants ne soient pas

toujours tenus de rester cloués sur leur siège ?

9. Le matériel didactique est-il intéressant et approprié à l'enfant ? Lui permet-on de choisir un outil différent ou une autre façon de procéder si cela le mène au même objectif ?

10. Si l'élève éprouve de la difficulté à comprendre la matière ou la leçon, l'enseignant l'adapte-t-il de manière à lui permettre d'atteindre son objectif en même temps que les autres ?

11. Les attentes du professeur sont-elles claires et cohérentes ? Existe-t-il une liste de conséquences prévues pour les cas de manquement aux règlements ou celles-ci sont-elles fonction de l'humeur de l'enseignant ?

12. La structure de la classe varie-t-elle constamment ? Les élèves connaissent-ils d'avance les travaux à effectuer au cours de la journée ?

13. Si l'enfant est distrait, est-il éloigné de la source de distraction, que ce soit un compagnon, la porte ou une fenêtre ? Est-il privé d'activités, mis de côté ou isolé du groupe ?

14. S'il se comporte mal, existe-t-il une structure qui permette une activité supervisée, ou est-il carrément envoyé dans le couloir ?

15. Comment l'ensemble du personnel gère-t-il l'aspect émotionnel ? Assurez-vous que les enseignants ne crient pas constamment après les enfants ou ne les assomment pas de longs discours sur la bonne conduite, ce qui ne fait alors qu'entretenir le besoin d'attention et de reconnaissance de l'enfant par la négative.

16. L'enfant est-il étiqueté de « mauvais élève » ou considère-t-on plutôt qu'il a fait de « mauvais choix » ? Les personnes

attentionnées diront : « Est-ce un bon choix ? » « Quelle autre option avais-tu ? » Quel aurait été le meilleur choix ? »

17. L'enseignant relève-t-il seulement les problèmes sans jamais souligner les aspects positifs ?

18. Y a-t-il un babillard, un mur ou tout autre moyen visuel affichant les succès et les progrès des élèves, comme des tableaux, des graphiques ou des certificats ?

19. L'enseignant donne-t-il à l'enfant d'autres solutions pour l'aider à régler ses conflits et à effectuer les bons choix ?

20. Y a-t-il un système de récompenses ou de privilèges prévu lorsque l'enfant respecte les consignes et travaille bien ? Existe-t-il un système de monnaie scolaire ? Si tel n'est pas le cas, voyez avec le titulaire comment vous pourriez en établir un pour l'enfant ou pour toute la classe.

21. Utilise-t-on la feuille de route signée par le professeur et les parents ? Elle permet de suivre l'évolution quotidienne de l'enfant et d'y relever les aspects positifs. Prenez le temps de la lire et d'en discuter avec votre enfant.

22. Quelle opinion avez-vous de la scolarisation ? A-t-elle de l'importance à vos yeux ? Soutenez-vous le personnel enseignant ? Appréciez-vous le titulaire de votre enfant ? Vous arrive-t-il de le critiquer ouvertement devant lui ?

Répondez-vous aux besoins de votre enfant à la maison ?

Les questions suivantes vous permettront de vérifier si l'environnement familial favorise le développement des aptitudes et des talents de votre enfant.

1. Êtes-vous convaincu que l'opinion des enfants est valable et que vous pouvez apprendre d'eux, ou devez-vous toujours être le maître en tout ?

2. Prenez-vous le temps d'écouter vos enfants, de vous amuser avec eux tout en leur laissant l'espace et le temps pour jouer aussi entre eux ?

3. Respectez-vous leur espace personnel et leur intimité ?

4. Motivez-vous vos décisions et vos choix ?

5. Félicitez-vous souvent votre enfant ; le complimentez-vous au moins trois fois plus souvent que vous ne le critiquez ?

6. Pouvez-vous de temps en temps admettre que vous faites erreur et que vous en êtes désolé ?

7. Apprenez-vous à vos enfants le respect et la compassion envers les autres ?

8. Prenez-vous le temps de leur enseigner divers aspects de la vie et du monde, comme la nature et la fonction de la pluie, des arcs-en-ciel ? Êtes-vous réceptif à leur vision du monde ? Prenez-vous le temps d'écouter leurs explications même si vous les connaissez ou que vous les avez déjà entendues ?

9. Encouragez-vous souvent vos enfants ou, au contraire, leur répétez-vous pourquoi ils ne parviendront jamais à réussir telle tâche ou à atteindre tel objectif ?

10. Faites-vous à la place de l'enfant ce qu'il saurait faire tout seul ?

11. Confiez-vous des responsabilités à vos enfants en leur laissant le choix de ces responsabilités ?

12. Sentez-vous le besoin de le corriger à tout instant ? Ne faites pas de zèle : ne corrigez votre enfant que lorsque c'est réellement important. Laissez tomber les peccadilles.

13. Remarquez-vous les bons coups de vos enfants ; les félicitez-vous ?

14. Organisez-vous régulièrement des réunions de famille pour traiter des responsabilités de chacun et des balades éventuelles ? Planifiez-vous des excursions ou des sorties familiales ? Vos enfants participent-ils activement à ces réunions et à la prise de décisions ? Vous pouvez profiter de ces occasions pour déterminer ensemble les conséquences et les récompenses reliées au comportement.

15. Leur parlez-vous des émotions, de la façon de les exprimer et de communiquer ? Laissez-vous de côté certaines émotions ou leur enseignez-vous à ne jamais manifester certaines d'entre elles ?

16. Êtes-vous à l'écoute de vos enfants quand ils vivent de la solitude, de l'isolement ou de la dépression ou, au contraire, minimisez-vous l'importance de ces sentiments en leur disant que cela passera ?

17. Exprimez-vous clairement et de manière consistante vos attentes face à leurs comportements et les conséquences qui s'ensuivront s'ils se comportent mal ?

18. Vos enfants consomment-ils beaucoup de sucre, de produits contenant des colorants ou des agents de conservation ? Souffrent-ils d'allergies ou montrent-ils des signes d'hyperactivité après avoir mangé certains aliments ?

Définir des limites et des balises

Il n'est pas nécessaire d'expliquer aux enfants qu'ils sont « indigo » et de les laisser ensuite faire tout ce qu'ils veulent sans restrictions. Même ces enfants, qui ont pour mission d'élever la conscience planétaire ont besoin, de structures, de limites et de maîtrise de soi, et cela, pour le bien de tous. Par contre, ils doivent être abordés autrement. Les points suivants vous proposent des stratégies efficaces qui favorisent la discipline tout en préservant la dignité de l'enfant.

1. Lorsque vous donnez des consignes, formulez-les poliment en disant par exemple : « J'ai besoin de ta collaboration pour enlever tes souliers de l'entrée, s'il te plaît. » « J'ai besoin de ta collaboration… » est la phrase passe-partout.

2. Avisez l'enfant quelques minutes d'avance lorsqu'une activité, le repas ou une sortie sont prévus.

3. Permettez-lui de choisir le plus souvent possible. Si habituellement, il refuse de se mettre à table, annoncez-lui qu'il peut venir dans une minute ou deux. Respectez scrupuleusement ses choix, à moins qu'il cherche à se défiler simplement par caprice. S'il vous soumet une proposition différente mais logique, comme se présenter à table après avoir ramassé ses jeux, alors acceptez-la.

4. Expliquez-lui brièvement pourquoi vous tenez à ce que les choses soient faites.

5. Ne lui donnez qu'une consigne à la fois afin d'éviter de le submerger de directives.

6. Prenez le temps d'échanger avec vos enfants et de choisir les conséquences au non-respect des consignes. Par exemple : « Tu as l'habitude de laisser traîner tes jouets partout

dans la maison et c'est dangereux. Qu'est-ce qu'on peut faire pour changer cela ? Décidons ensemble de ce qui se passera si tu ne les ramasses pas. » Par la suite, tenez-vous-en aux modalités choisies.

7. Déterminez une chaise ou un endroit de pause réflexion où l'enfant peut se retrouver lorsque vous devez appliquer les conséquences. Évitez d'envoyer les enfants dans leur chambre si celle-ci est remplie de jouets et de jeux avec lesquels ils s'amuseront pendant leur réclusion.

8. Dans les cas de mauvaise conduite, donnez-lui la chance de cesser de lui-même en utilisant le jeu *Magic System* 1, 2, 3, de Phelan. C'est-à-dire qu'après avoir demandé à l'enfant de mettre fin à son comportement, comptez jusqu'à trois ; s'il n'a pas respecté la consigne, appliquez alors la pause réflexion préalablement annoncée.

9. Évitez les sermons et les disputes mais annoncez les conséquences prévues : « Thomas, je ne vais pas me disputer avec toi. Ce n'est pas bien de frapper les autres et je veux que tu ailles réfléchir maintenant. » Fixez votre attention sur la conséquence et adoptez une attitude neutre. Assurez-vous de ne pas prendre votre enfant dans vos bras ou de l'embrasser durant cette période. Il doit comprendre le lien de cause à effet.
   Si votre enfant crie ou réagit violemment, prolongez la période d'arrêt en vous servant de votre montre ou en marquant le temps au moyen de traits sur une feuille de papier. Il n'est pas recommandé d'argumenter. Vous pouvez lui dire, par exemple : « Je commencerai à compter dès que tu seras prêt. » Une fois la période de pause terminée, demandez à l'enfant d'expliquer les motifs qui l'ont amené là.

10. Vous pouvez mettre en place un système de stimulation en exposant ses progrès au moyen d'étoiles ou de collants

lorsqu'il aura atteint les objectifs que vous vous étiez fixés ensemble. Quand il en a atteint un certain nombre, il a droit à des récompenses ou à des privilèges, comme une sortie spéciale. Le principal est d'aborder la question du comportement de façon positive.

11. Il est important que vous souligniez les progrès et les comportements que vous attendiez et que vous les verbalisiez : « Je suis contente que tu... », « Il est agréable que tu... »

12. Demandez à votre enfant de transformer l'attitude incorrecte en adoptant celle que vous attendez de lui. Par exemple : « Thomas, ce n'est pas correct de courir partout dans la maison avec tes chaussures pleines de boue. Peux-tu me montrer comment on fait les choses correctement ? » Lorsqu'il a retiré ses chaussures, montrez-lui votre appréciation : « Merci, chéri, je savais que tu pouvais faire les choses comme il se doit. C'est mieux maintenant. »

13. Les enfants ont besoin d'une certaine routine, que ce soit pour les repas, l'heure du coucher ou les activités. La régularité leur confère un sentiment de sécurité.

14. Soyez toujours cohérent et ferme, même si vous craignez de ne pas avoir l'énergie pour suivre votre programme disciplinaire, faute de quoi l'enfant conclura qu'il n'est pas nécessaire de suivre les règlements puisqu'ils changent constamment.

J'espère que ces suggestions vous seront utiles. J'encourage tous les parents à veiller à ce que l'école apporte un soutien émotionnel aux enfants perturbateurs au lieu d'appliquer des mesures disciplinaires désuètes. Par ailleurs, je crois que les parents doivent revoir leurs propres attitudes et veiller à respecter leurs enfants en leur enseignant le sens des responsabilités. Ils doivent aussi établir les balises et leur donner les conseils dont ils ont besoin en vue de leur croissance sur tous les plans.

Voici de nouveau Robert Ocker, un éducateur plein d'amour pour les enfants de tous âges.

LES PETITS, CES CADEAUX DU CIEL
par Robert P. Ocker

Un jour, dans une classe de maternelle d'Eau-Claire, au Wisconsin, alors que j'abordais la résolution de conflits, j'ai demandé aux enfants ce que signifiait la violence pour eux. Une jolie fillette aux yeux pétillants me répondit : « C'est facile, ce sont de jolies fleurs mauves. J'en cueille tous les jours et je les aime beaucoup. » [NDT : en raison de la similitude phonétique des mots anglais *violence* et *violets*.]

Cette réponse pleine de candeur me remplit de paix et d'amour et nous transmit force et sagesse. En plongeant dans son regard étoilé, je lui ai répondu : « Continue de sentir leur parfum, chère petite. Toi, tu comprends ce qu'est la paix. Peut-être voudrais-tu aussi nous dire ce qu'est la peur, à nous qui sommes tes amis. » Elle me sourit et me prit simplement la main. Je reçus ce geste comme un merveilleux cadeau.

Ces nouveaux enfants, que je me plais à appeler « les petits », sont venus sur cette terre pour nous faire voir l'humanité sous un autre éclairage. Ce sont de précieux cadeaux pour leurs parents, la planète et l'univers. Lorsque nous les voyons comme tels, nous percevons la sagesse divine qu'ils portent en eux pour aider la Terre à élever ses vibrations.

Le seul véritable moyen de comprendre ces nouveaux enfants et de communiquer avec eux est de modifier la perception que nous en avons. Lorsque nous cesserons de les considérer comme des problèmes et les verrons comme des cadeaux des cieux, nous

comprendrons alors leur sagesse et la nôtre par le fait même. En ouvrant la porte de votre cœur, vous vous ouvrez aussi à vous-même. Chaque enfant qui croise votre route attend un cadeau de vous et vous le rendra en vous permettant d'être pleinement qui vous êtes.

Aborder la vie avec intuition

Au cours de mes nombreuses années passées auprès d'enfants de la maternelle à la douzième année, j'ai constaté que les petits de première année sont plus éveillés que les adultes. Ils suivent leur instinct et leur intuition. Un jour que je parlais de communication à de tels enfants, un petit garçon attira mon attention. Nous étions en train de parler de l'importance de l'écoute.

Il vint vers moi et, avec une incroyable sagesse me dit : « M. Ocker, *listen* (écouter) et *silent* (silencieux), c'est le même mot ; les lettres ont juste changé de place. » Son intelligence me fit sourire et, sans ajouter quoi que ce soit, nous nous sommes compris dans nos regards. Ce jour-là, ce petit bout d'homme m'a enseigné la meilleure des communications.

Les enfants indigo sont des êtres intuitifs et, en quelque sorte, nos guides. Il leur est cependant difficile de vivre dans cette humanité en éveil qui doit encore apprendre à développer son intuition. C'est donc un défi qu'ils ont à relever, car de nombreuses cultures en rejettent encore l'existence et la raison d'être, tandis que les cultures dominantes s'en méfient profondément. De plus, dès l'enfance, on enseigne à l'enfant à ne pas y accorder grande importance.

Les jeunes enfants savent d'instinct que l'ego est une composante importante et positive de leur personnalité et, en fait, qu'elle est nécessaire pour mener à bien notre travail, dans tous les sens du terme. D'ailleurs, notre culture, le système scolaire et les médias veillent à renforcer le concept d'image de soi de toutes les façons possibles alors que nous enseignons à nos enfants qu'il n'est pas bien d'écouter leur ego et qu'au contraire, ils doivent donner une image de grand altruisme. Ces messages contradictoires ne font qu'engendrer chez eux confusion et frustration et les amènent à se cantonner derrière ces masques qui faussent les relations humaines et sociales en leur donnant un pseudo sentiment de sécurité.

Ces enfants grandissent donc avec une certaine dépendance envers leurs parents, leurs professeurs ou toute autre représentation de l'autorité en recherchant des conseils, des directives ou une vision de la réalité. Certains poursuivront leur quête extérieure toute leur vie et réussiront à étouffer leur intuition, faute d'avoir appris à l'utiliser et à l'exploiter. Ils joindront les rangs des nombreux somnambules qui constituent notre société, qui n'ont pour jalons que leurs valeurs et leurs raisonnements compliqués, superficiels et surtout si éloignés de leur véritable essence.

Les enfants du troisième millénaire ont pour mission de nous guider vers une nouvelle conscience de soi, vers une vision de l'humanité et de l'existence fondée sur l'intuition. Ils veulent être spontanés, eux-mêmes, sans artifices, énoncer leur vérité simplement telle qu'ils la perçoivent et réagir à chaque situation de la vie de façon créative en posant le geste juste et en ayant l'attitude qu'il faut. C'est cette vision de l'humanité qu'ils nous apportent et nous enseignent, nous exhortant à la confiance en soi, à la foi en notre intuition et en nos inspirations.

Bien guidés, les enfants du troisième millénaire continueront d'exploiter cette aptitude naturelle, l'affinant au fil de leur croissance.

Discipliner sans punir

La punition ne donne pas de résultats. Au contraire, elle engendre en eux la peur, stimule la colère et ouvre la porte à d'autres conflits qui les amèneront à s'isoler, à se rebeller ou à se replier sur eux-mêmes, mettant ainsi en danger leur âme et la vie des autres.

Au contraire, une saine discipline qui prévoit des conséquences logiques et réalistes sera bien plus bénéfique. En effet, elle enseigne à l'enfant à identifier ses comportements erronés, à en assumer la responsabilité et à résoudre ses problèmes tout en respectant sa dignité.

Grâce à une saine discipline qu'il attend de l'adulte, d'ailleurs, l'enfant apprend et comprend de façon positive qu'il contrôle sa vie, qu'il peut prendre des décisions et résoudre ses propres problèmes. Discipliner l'enfant avec amour préserve sa nature particulière, sa sagesse, sa noblesse et l'aide à développer son sens des responsabilités, ses ressources et ses talents et à devenir un être bienveillant et tolérant, bref à devenir qui il est essentiellement.

Les nouveaux enfants exigent qu'on reconnaisse leur valeur et qu'on les traite avec dignité et respect ; ils savent percevoir nos sentiments au-delà des mots. Ce sont de jeunes cœurs mais des âmes sages. Abordez-les avec compassion et avec le même respect que vous souhaitez pour vous-même. Ils vous en seront très reconnaissants et comprendront que l'amour que vous leur témoignez est le reflet de l'amour que vous avez pour vous-même et que nous sommes tous UN. Que l'intégrité soit votre moteur : que vos paroles soient le reflet de vos pensées, et vos actions la conséquence de vos paroles. Ces messages aux petits seront des messages de joie.

L'apprentissage de la discipline et de la responsabilité passe par la capacité de choisir. Si vous voulez que vos enfants apprennent à effectuer des choix judicieux, vous devez créer de nombreuses circonstances où ils auront à en faire et leur permettre parfois même de mauvais choix. À moins que ceux-ci ne présentent vraiment un danger moral ou ne menacent leur santé ou leur vie, laissez-les expérimenter les conséquences de leurs erreurs même si elles sont douloureuses.

Parmi les meilleures recherches portant sur le travail auprès des enfants (et des adultes), je recommande le livre *Parenting with Love and Logic*[46] de Foster Cline, M.D. et de Jim Fay. Ces auteurs sont à l'avant-garde ; ils nous livrent de précieux conseils pour aborder les enfants d'aujourd'hui, et les principes qu'ils énoncent donnent de bons résultats.

✧ ✧ ✧

Pour enseignants seulement

Un très grand nombre d'enseignants nous posent la même question : « Que puis-je faire dans le système d'éducation pour aider ces enfants ? Je ne peux changer le système ; je me sens impuissant devant cette situation et cela me frustre. »

Jennifer Palmer est enseignante en Australie depuis vingt-trois ans. Comme tous les enseignants du monde, elle doit travailler dans le système, mais elle est très consciente de cette nouvelle réalité que constituent les enfants indigo. Elle nous fait part de sa manière de les aborder en classe.

L'ENFANT ET L'ÉCOLE
par Jennifer Palmer

En classe, je prends le temps d'échanger avec mes élèves sur leurs attentes, incluant ce qu'ils attendent eux-mêmes de moi, ce qui ne manque pas de les étonner. Ils découvrent que tout cela fonctionne dans les deux sens et commencent à comprendre pourquoi nous, enseignants, avons aussi des attentes. Ils saisissent peu à peu ce que signifient égalité, droits et responsabilités.

Nous allons passer toute une année scolaire ensemble comme une famille ; il est donc important d'établir les règles du jeu afin que nous sachions ce que nous attendons les uns des autres. En fait, chez nous, les règlements ressemblent davantage à des attentes et à des droits qu'à ce que l'on retrouve traditionnellement dans les classes.

Les conséquences sont déterminées en fonction de l'offense et adaptées à la situation au lieu d'être décidées d'avance et appliquées systématiquement. Les énoncés sont positifs et excluent les « ne pas… ». Les choix de règlements doivent faire l'objet d'un consensus, et tout le monde doit signer l'entente. Le processus complet peut nécessiter une semaine, le temps de réfléchir, de choisir les énoncés et de mettre le système en place. Bien sûr, celui-ci exige plus de temps et d'effort que l'ancienne liste de « permis et défendu », mais cette pratique démocratique s'effectue dans le plaisir et permet à chacun d'apprendre et d'évoluer.

Je partage avec mes élèves les événements de ma vie qui peuvent affecter d'une manière ou d'une autre ma relation avec eux, comme un malaise, une blessure, la perte d'un objet ou encore une activité ou un sport qui nous intéresse mutuellement. Ils font de même : s'ils sont préoccupés, ils expriment leurs soucis, et ce partage est bénéfique pour le groupe entier.

Je suis à l'écoute et ne divulgue leurs confidences que s'ils m'autorisent à les communiquer aux personnes qu'ils désignent. Je deviens donc leur amie et leur confidente.

Le programme scolaire

Autant que possible, les enfants sont classés dans des programmes qui répondent à leurs besoins, à leurs connaissances et à leurs aptitudes.

Les sujets, les thèmes et les unités de travail sont conçus en fonction d'activités telles que le travail d'équipe, l'auto-évaluation, les documents de révision et le matériel de recherche. De temps en temps, les élèves choisissent eux-mêmes les thèmes et, tout en respectant certains paramètres, ils peuvent se diriger vers les sujets qui les intéressent.

Ce système permet aux enfants d'accéder à un éventail de connaissances et de styles variant en complexité et exigeant parfois une réflexion poussée. On remarque souvent que des élèves qui, dans le système traditionnel, auraient été envoyés dans des cours d'appoint, choisissent aussi des activités de haut calibre.

Il va sans dire que ce type de système exige une quantité phénoménale de travail de la part des enseignants, mais cela en vaut la peine. Les activités ont pour but le développement de la pensée autant dans la simplicité que dans la complexité. Elles incluent :

- l'observation,

- la classification, le regroupement,
- la répétition, la révision,
- la comparaison,
- la compréhension, l'écoute,
- le raisonnement, le jugement,
- l'application,
- la conception,
- la création.

Les travaux sont évalués soit par l'enfant, soit par ses camarades de classe, soit par le professeur, et l'apprentissage s'effectue à l'aide de divers outils tels que le cahier de notes, les présentations orales, les affiches, les démonstrations, les jeux de rôles, l'analyse, la sélection de critères, les anecdotes écrites, les conférences, etc. Les enfants veulent souvent négocier le choix de l'outil pédagogique, mais si l'enseignant choisit ce qui sera évalué, il en informe préalablement la classe. L'apprentissage en groupe s'avère utile, efficace ; c'est une méthodologie qu'utilisent de nombreux enseignants aujourd'hui.

Voilà donc un bref aperçu de la manière dont je conçois mon rôle dans les écoles en favorisant la cocréation, l'apprentissage et le développement personnel des enfants.

Les écoles alternatives

Nous aborderons maintenant deux systèmes d'écoles innovatrices reconnues mondialement et qui peuvent très bien répondre aux besoins particuliers des enfants indigo. Nous les qualifions d'alternatives ou d'innovatrices parce qu'elles diffèrent des systèmes traditionnels, qui ne tiennent pas compte de l'évolution des besoins de ces nouveaux enfants. Certaines de ces écoles sont publiques. Par ailleurs, il faut souligner que certaines écoles publiques font aussi un excellent travail et conviennent tout à fait aux indigo. Depuis quelques années, on observe d'énormes changements de mentalité et de conscience, même dans des petites villes isolées, grâce à des directeurs d'école plus avant-gardistes ou à des systèmes qui laissent beaucoup plus de latitude aux enseignants. Nous nous réjouissons de ces progrès mais hélas, ce ne sont encore que des cas isolés. Nous vous rappelons que vous pouvez évaluer la qualité de l'enseignement que votre enfant reçoit à l'école en utilisant les vingt-deux points que nous a proposés Cathy Patterson.

Nous aimerions bien vous fournir une liste d'écoles alternatives classées par pays et par ville, mais vous réagiriez peut-être en voyant que le nom de telle ou telle institution que vous jugez appropriée n'y figure pas. Nous n'en connaissons que quelques-unes pour l'instant ; c'est d'ailleurs la raison pour laquelle nous qualifions ce livre d'introduction au vaste sujet que sont les enfants du troisième millénaire. Cependant, nous utilisons maintenant ce merveilleux outil que peut être Internet. Vous pouvez donc visiter notre site **www.indigochild.com** qui complète très bien ce livre.

Vous pouvez contribuer au changement et aider la cause des indigo en nous fournissant les coordonnées d'écoles ou d'institutions que vous jugez adaptées à ces nouveaux enfants. Si votre source est valable, nous l'ajouterons à notre liste. Nous vous invitons donc à nous écrire. De notre côté, nous vous donnerons des renseignements pertinents sur les écoles alternatives qui existent dans le monde entier. Nous voulons que cette information soit accessible à tous, sans toutefois promouvoir une institution ou une autre à des fins commerciales.

Quel genre d'école peut-on qualifier d'alternative ou d'innovatrice ? C'est une école qui met de l'avant les principes et les suggestions que vous venez de lire. Ces écoles existent et certaines depuis plusieurs années, avant même que n'apparaisse le phénomène indigo.

Les caractéristiques suivantes vous permettront de les repérer.

1. L'importance est accordée aux élèves et non au système.

2. Les élèves ont la possibilité de choisir parmi les différentes

méthodes et les divers rythmes d'apprentissage.

3. Le programme de chaque classe est souple et adapté au type d'élèves.

4. Ce sont les élèves et les professeurs qui déterminent les normes d'apprentissage, non le système.

5. Les enseignants jouissent d'une grande autonomie dans leur classe.

6. Les nouveaux paramètres éducationnels sont valorisés.

7. Les tests, autant que l'information véhiculée, sont constamment revus et adaptés aux besoins et aux aptitudes des élèves. Ils doivent évoluer avec les enfants. D'ailleurs, soumettre les enfants à des tests inférieurs à leurs capacités peut créer de la confusion chez eux et les amener à les rejeter carrément, donc à les échouer.

8. Le changement et l'adaptation sont les normes de ce type d'école.

9. Cette école fait probablement l'objet de controverses.

Pour l'instant, nous vous donnons les références de deux types d'écoles alternatives. Cependant, nous en aurons certainement d'autres au cours des prochaines éditions.

Les écoles Montessori

« Notre but n'est pas seulement de faire en sorte que l'enfant comprenne et encore moins de le forcer à apprendre par cœur, mais plutôt de toucher son imagination et d'éveiller l'enthousiasme jusqu'au plus profond de son être. »

Dr Maria Montessori

Le système des écoles Montessori est probablement le plus répandu dans le monde. Ses origines remontent à 1907, lorsque le docteur Maria Montessori mit sur pied des garderies de jour, à Rome.

Leur approche unique et révolutionnaire de l'enseignement répond très bien aux besoins spécifiques des enfants indigo dont nous avons parlé précédemment. Voici donc les fondements philosophiques des écoles Montessori.

> Ce qui caractérise la philosophie Montessori est sa *vision globale* de l'enfant. Le but premier du programme scolaire est d'aider l'enfant à exploiter au maximum son potentiel, et ce, dans toutes les sphères de la vie. Les activités visent autant le développement social, la croissance émotive et la coordination physique que la préparation à l'apprentissage. Les enseignants, spécialisés dans cette démarche holistique, accompagnent l'enfant en stimulant son plaisir d'apprendre, en respectant son rythme d'apprentissage, en veillant au développement de sa confiance en lui et en favorisant ses expériences d'apprentissage.
>
> L'approche Montessori tient compte de l'individualité de chaque enfant et stimule son développement en adaptant le programme d'études à l'enfant et non l'inverse, contrairement au système scolaire traditionnel.
>
> Les écoles Montessori forment leurs propres enseignants. On dénombre plus de 3000 institutions privées, semi-privées ou publiques en Amérique et on en retrouve autant dans les zones urbaines que dans les petites villes ou les campagnes. La clientèle multiculturelle provient de toutes les classes sociales, économiques et culturelles.

Pour plus d'information sur les écoles Montessori, écrire à :

Au Québec : École Montessori International
Dir. Mme Jeannette Kechichian
10 025, bd de l'Acadie
Montréal (Québec) H4N 2S1
Tél. : (514) 331-1244

En France : The Bilingual Montessori School of Paris
65, Quai d'Orsay
75007, Paris
Tél. : 01.45.55.13.27
Courriel : montessori@alain-lefebvre.com

En Suisse : École Montessori Nations
Mme O. Cutullic
Rue de Lausanne 154
CH-1202 Genève
Tél./fax : +41.22.738.81.80

En Belgique : La Maison de Enfants Montessori
Mme Catherine Vigreux
458 b, Avenue Dolez
1180 Bruxelles
Tél. : 02/375.61.84 02/375.12.65

Les écoles Waldorf

« Les écoles Waldorf se préoccupent au plus haut point de la qualité de l'éducation. Toutes les écoles auraient intérêt à s'inspirer de la philosophie Waldorf. »

Dr Boyer,
directeur du Carnegie Foundation for Education

Les écoles Montessori sont établies et reconnues depuis longtemps. Il en va de même des écoles Waldorf aussi connues sous le nom d'écoles Rudolph Steiner.

La première école Waldorf ouvrit ses portes à Stuttgart, ville d'Allemagne, en 1919, tandis que la première en Amérique, l'école Rudolph Steiner de New York, fut inaugurée en 1928. Le système éducatif de Waldorf est aujourd'hui le mouvement non-sectaire qui croît le plus rapidement dans le monde ; il compte plus de 550 écoles réparties dans trente pays. Ce mouvement est aussi fort en

Europe de l'Ouest, particulièrement en Allemagne, en Autriche, en Suisse, aux Pays-Bas, en Grande-Bretagne ainsi que dans les pays scandinaves. En Amérique, on en retrouve environ une centaine.

Déjà, en 1919, le but explicite de l'école Waldorf était de former des êtres humains libres, créatifs, indépendants, heureux et doués d'un sens de l'éthique. Steiner résumait sa mission en ces termes : « Accueillez l'enfant avec respect, éduquez-le dans l'amour et faites-en un être libre. » Steiner pressentait-il la venue des enfants indigo ? En tout cas, il était certainement avant-gardiste. Voici une citation du docteur Ronald E. Kotzsch, Ph.D., extraite d'un article paru dans le *East West Journal*, en 1989.

> Pénétrer dans une école Waldorf, c'est comme regarder à travers le miroir d'Alice, vers un pays merveilleux de l'éducation. On est surpris, parfois perdu, dans un monde de contes de fées, de mythes et de légendes, de musique, d'art, de physique, de théâtre, de festivals, de livres écrits et dessinés par les enfants. On déambule dans un univers où les examens, les notes, les téléviseurs et les ordinateurs n'existent pas, où les pratiques et les critères traditionnels du système éducatif n'ont pas leur place.

Pour plus d'information sur les écoles Waldorf écrire à :

Au Québec : École Rudolf Steiner de Montréal
8205, ch. Mackie
Côte-St-Luc (Québec) H4W 1B1
Tél. : (514) 481-5686 fax : (514) 481-6935

En Suisse : École Rudolf Steiner
Dirigée par le Collège des Maîtres
Chemin de Narly 2
1232 Confignon, Genève
Tél. : 727.04.44 Fax : 727.04.45

D'autres techniques

Bien qu'elles n'entrent pas dans la catégorie des systèmes éducatifs que nous venons d'explorer, certaines des techniques que nous vous proposons maintenant peuvent s'avérer d'une grande profondeur et me fascinent par leur simplicité. Il est important que des hommes et des femmes de cœur ramènent à notre mémoire ce que nous tendons souvent à oublier. Nous n'aborderons ici que quelques-unes de ces techniques ; certaines peuvent vous paraître un peu étranges, mais toutes donnent de bons résultats.

L'amour, l'énergie du cœur

Jan et moi parcourons le monde et dans nos conférences, nous abordons toujours l'amour : l'amour de soi et l'amour des autres. C'est cette incroyable énergie naturelle qui nous permet d'atteindre la santé physique, la paix, l'équilibre et même la longévité.

Souvenons-nous des paroles de Robert Ocker : « Ils comprendront que l'amour que vous leur témoignez est le reflet de l'amour que vous éprouvez pour vous-même et que nous sommes tous UN. » Vous retrouverez souvent le thème de l'amour dans ce livre. C'est pourquoi nous aimerions vous présenter maintenant un homme qui incarne l'amour dans sa vie quotidienne.

La lecture d'un court article du magazine *Venture Inward*[47] portant sur le travail de David McArthur nous a profondément touchés. Il est coauteur du livre intitulé *The Intelligent Heart*[48] qu'il a écrit avec son père, aujourd'hui décédé, Bruce McArthur. Avocat et pasteur, M. McArthur est directeur du Personal Empowerment and Religious Divisions of the Institute of HeartMath, à Boulder Creek, en Californie.

The Intelligent Heart expose clairement et en détail pourquoi l'amour est la clé de toutes nos actions. Il nous explique que le cœur gère véritablement la distribution de l'énergie dans tout notre organisme. On peut également en voir les « signatures » à l'électrocardiogramme et comparer les caractéristiques de la frustration et de la colère à celles de l'appréciation (reconnaissance, gratitude) et de la paix. Les schémas chaotiques illustrant la colère (spectres incohérents) contrastent énormément avec les schémas ordonnés et réguliers (spectres cohérents) provoqués par une émotion positive comme la paix.

Ce livre traite vraiment de l'amour et nous montre comment l'on peut passer des schémas chaotiques aux schémas ordonnés par la simple volonté. Bien que l'on pense que ce processus soit déclenché par le cerveau, en réalité, il fait appel au cœur ou, si vous voulez, à cette sensibilité émotionnelle que nous appelons le cœur. L'information que nous livre l'auteur est pratique et incroyablement complète, et s'adresse à tous les êtres, jeunes et vieux. C'est là un outil précieux pour ceux et celles qui cherchent des méthodes pratiques pour gérer des émotions souvent difficiles à maîtriser.

Nous voulons également vous parler d'une technique appelée Freeze-Frame. Par respect pour ceux qui la pratiquent, nous ne vous la présenterons que brièvement ici parce qu'elle doit être enseignée correctement, dans le contexte approprié et par des entraîneurs qualifiés.

Le Freeze-Frame est un exercice créé par Doc Childre et constitue une technique de base du système HeartMath à partir de laquelle The Institute of HeartMath a mis au point plusieurs exercices de gestion du stress. Le Freeze-Frame est conçu dans le but de ralentir le rythme cardiaque et de relancer les spectres cohérents mentionnés plus haut. Si vous êtes intéressés à lire le livre de Doc Childre, *Freeze-Frame: One-Minute Stress Management*[50] ou celui de David McArthur, *The Intelligent Heart*[48], vous pouvez communiquer avec le HeartMath[49]. C'est Pauline Rogers qui nous a suggéré cette méthode. Elle travaille activement auprès des enfants, et le California Child Development Administrators Association (CCDAA) l'a honorée pour ses mérites. Par ailleurs, elle a reçu une bourse d'études du Sue Brock Fellowship pour se perfectionner en droit, dans le domaine du développement de l'enfant. Ses compétences sont assez impressionnantes et démontrent une longue carrière auprès des enfants dont elle défend la cause. Elle nous a généreusement offert sa précieuse collaboration.

Nous lui avons demandé de nous indiquer les meilleures méthodes pour aider les enfants aujourd'hui. Elle nous a parlé de la méthode Freeze-Frame®, qui traite de la résolution de problèmes dont même les enfants peuvent bénéficier. Elle a également fait mention de nouveaux jeux pour les classes qui visent la non-compétition.

Avec les jeunes enfants, Pauline utilise une version adaptée de la méthode Freeze-Frame parce qu'elle est facile à comprendre. Voici ce qu'elle en dit : « Cet exercice nous enseigne la tolérance, la patience et la responsabilité ; il nous apprend aussi à écouter les réponses qui viennent du cœur. C'est une façon d'aborder les problèmes sans confrontation et qui peut aussi nous aider dans la prise de décisions. Je recommande fortement Freeze-Frame comme outil tant à l'école que dans la vie quotidienne. »

LES JEUX DE LA VIE SANS COMPÉTITION
par Pauline Rogers

Une autre façon d'enseigner la tolérance aux enfants est d'utiliser les jeux où les participants ne sont pas en compétition. On retrouve ce genre de jeux notamment dans ces merveilleux livres, *Le guide de l'éducateur nature, Jeux nouveaux* (éd. Souffle d'Or), *The Incredible Indoor Games Book*[51] et *The Outrageous Outdoor Games Book*[52]. Il y a quelques années, nous avons découvert que les jeux sont d'importants moyens d'apprentissage. Les précieuses méthodes d'enseignement High Scope incorporent des jeux et des activités de la vie quotidienne qui apprennent aux enfants ce qu'est la vie et la communauté. Plusieurs écoles recourent déjà à ces méthodes.

L'éducation des indigo doit absolument tenir compte de leur développement global, c'est-à-dire physique, mental, émotif, social et spirituel, afin d'éviter de reproduire les erreurs de l'école traditionnelle. On accorde encore trop peu d'importance à l'éducation sociale et à l'apprentissage de la responsabilité, et les adultes doivent servir de modèles aux jeunes.

Nous vous suggérons d'autres livres, dont *L'Enfant et la Relaxation*, *Kinésiologie pour enfants* (éd. Souffle d'Or), *Je viens du Soleil* (histoire vécue d'un jeune, éd. St-Michel) et les livres de Planetary Publications, dont *A Parenting Manual*, *Teen Self Discovery* et *Teaching Children to Love* de Doc Lew Childre[50], *Meditating With Children* de Deborah Rozman[53], *The Ultimate Kid* de Jeffrey Goelitz[54] et *Joy in the Classroom* de Stephanie Herzog[55].

Les disciplines ayurvédiques et les enfants

Connaissez-vous le Dr Deepak Chopra ? [Ses livres ont connu de grand succès de vente tant en français qu'en anglais.] Il est probablement l'un des auteurs les plus connus dans le domaine de la santé et de la croissance personnelle. En plus d'avoir écrit plusieurs livres, il enseigne une science vieille de 5000 ans, la médecine ayurvédique, dont les enseignements de vie et de santé connaissent présentement une popularité à l'échelle de la planète.

Joyce Seyburn, qui a travaillé auprès du Dr Chopra, utilise cette science tout spécialement avec les enfants. Son nouveau livre, *Seven Secrets to Raising a Healthy and Happy Child: The Mind/Body Approach to Parenting*[56], [voir aussi *Yoga et maternité*, de Gandha, éd. Souffle d'Or] guide les lecteurs sur les sentiers du yoga, de la respiration, de la nutrition, du massage et des principes ayurvédiques destinés aux parents, les préparant ainsi à mieux répondre aux besoins des enfants. Joyce nous résume son livre en quelques lignes.

✧ ✧ ✧

SEPT SECRETS POUR ÉLEVER UN ENFANT HEUREUX ET EN SANTÉ

par Joyce Golden Seyburn

Je crois que l'éducation inculque à l'enfant les fondements qui lui permettront de faire face aux changements, au stress et aux défis qui jalonneront sa vie. Voici sept points importants à retenir.

Tout d'abord, commencez à prendre soin de votre enfant dès le moment de sa conception en observant une hygiène de vie équilibrée pour vous-même, en faisant régulièrement de l'exercice physique avec modération, en apportant une attention particulière à votre alimentation, en vous accordant suffisamment de repos, bref, en prenant soin de vous.

Découvrez ensuite le type corps-esprit (ou dosha) de votre enfant. Ce modèle dérive de l'Ayurveda, ou science de la vie, vieille de 5000 ans et originaire de l'Inde ; c'est en fait une médecine globale préventive. Vous trouverez à quel type corps-esprit votre enfant appartient en observant ses habitudes alimentaires et de sommeil, son degré de sensibilité au bruit et à la lumière et ses interactions avec les autres.

Apprenez aussi à vous apaiser, à calmer et à réconforter votre bébé ou votre enfant. La meilleure façon d'y parvenir est de pratiquer une forme de méditation par les sons ou par le silence. Les enfants n'ont pas à méditer mais ils ont besoin de moyens pour se calmer et se centrer. Les expériences sensorielles comme la musique, les promenades dans la nature, l'aromathérapie, notamment, constituent une aide précieuse.

Le massage quotidien est aussi très recommandé parce qu'il favorise la digestion, stimule le système immunitaire, améliore le sommeil et renforce le tonus musculaire. Chez les enfants plus âgés et chez les adultes, le massage soulage la tension musculaire et libère des endorphines, créant ainsi une sensation de bien-être.

Donnez des exercices de yoga à vos enfants et apprenez-leur des techniques respiratoires. Cette pratique aura pour effet d'améliorer leur vivacité et leur coordination, de régulariser leur appétit, leur soif, leur sommeil et leur digestion.

Le sixième secret de santé consiste à choisir les aliments en fonction des types corps-esprit de l'enfant. En mettant vous-même en pratique ces conseils de santé, vous bâtissez les fondements de la santé et de l'équilibre de vos enfants.

Enfin, reposez-vous, massez-vous ou recevez des massages, tonifiez vos muscles et surveillez votre alimentation afin de faciliter l'accouchement et d'éviter la dépression postnatale. En un mot, prenez soin de vous et de votre bébé.

Ces secrets millénaires vous assureront à vous ainsi qu'à votre enfant une vie paisible et stable.

Le toucher, plus important qu'on ne le croyait

Vous n'avez peut-être pas envie de vous lancer à corps perdu dans un système de santé vieux de plusieurs millénaires, mais vous constaterez que le quatrième conseil de Joyce Seyburn, le massage, « touche » de plus en plus de personnes.

Voici ce qu'on peut lire dans un article de Tammerlin Drummond parut dans le magazine *Time* de juillet 1998, intitulé *Touch Early and Often*[57].

> Des études menées au Touch Research Institute démontrent que les prématurés que l'on masse trois fois par jour, pendant seulement cinq jours consécutifs, ont une meilleure croissance que ceux qui ne reçoivent pas de massages. Les bébés nés à terme et les plus âgés peuvent aussi en tirer grand profit.

L'auteure cite également le docteur Tiffany Field, psychologue pour enfants, qui a fondé, il y a six ans, le Touch Research Institute. Selon elle, le massage stimule le nerf vague qui enclenche les processus favorisant, entre autres, la digestion. Parce que les prématurés que l'on a massés prennent du poids plus rapidement, ils quittent l'hôpital en moyenne six jours avant les autres, réduisant ainsi la facture des soins hospitaliers de 10 000 $.

Si l'on calcule qu'il y a, chaque année, plus de 400 000 naissances prématurées aux États-Unis, on constate que le massage permet de réaliser des économies substantielles. De plus, les études révèlent que huit mois après leur naissance, ces bébés montrent des capacités motrices et un développement mental supérieurs à ceux des prématurés qui n'ont pas reçu de massages. Au chapitre 4, nous vous proposerons des techniques d'équilibrage et de guérison ainsi que des renseignements nutritionnels. Nous vous les suggérons parce qu'ils s'avèrent efficaces.

Nous terminerons ce chapitre en vous rapportant quelques anecdotes qui illustrent bien l'intériorité des enfants du nouveau millénaire.

L'autre jour, ma fille m'a demandé de lui donner un médicament contre la toux. Comme j'hésitais, elle m'a dit : « Tu sais, maman, ce n'est pas vraiment le remède qui m'aide ; c'est juste parce que je crois que ça va me guérir que ça me guérit. »

En une autre occasion, j'étais assise près de la mère d'un bambin de trois ans, attendant que ma fille termine sa classe d'équitation. La dame me dit alors que sa fille la harcelait constamment de questions auxquelles elle ne pouvait répondre, ce qui créait beaucoup de frustration chez la fillette, qui finit par lui dire : « Maman, tu es censée connaître les réponses, c'est la règle ! »

« Mais quelle règle ? » lui a demandé sa mère.

« La règle des mamans ; tu dois connaître toutes les réponses », insista l'enfant.

Lorsque la mère lui répondit encore une fois qu'elle n'avait pas les réponses à toutes les questions, la fillette se mit à trépigner et, furieuse, répliqua : « Je n'aime pas être un enfant, je veux être une grande personne, maintenant ! »

Quelques jours plus tard, la fillette, fâchée contre son père qui venait de la réprimander, lui dit, en colère : « Tu dois être gentil avec moi ! Tu m'as voulue, alors je suis là. Maintenant, tu dois prendre soin de moi. »

Linda Etheridge, enseignante

Mon épouse et moi disons très souvent à notre fils de deux ans, Nicolas, que nous l'aimons. Parfois, il nous répond qu'il nous aime aussi, mais plus souvent qu'autrement, il dit : « Moi aussi, je m'aime. »

John Owen, papa

Mes anges m'ont dit que les étoiles sont des anges aussi ; ils s'appellent les Anges des Étoiles. Ils m'ont dit que chaque étoile est l'ange de quelqu'un ici sur terre, que l'étoile filante s'occupait de tout le monde et que le travail des Anges des Étoiles est de protéger chaque personne, quoi qu'il arrive.

Megan Shubick, huit ans

Chapitre trois

Les indigo et la spiritualité

NOTE : Si la métaphysique ou les questions spirituelles du Nouvel Âge ne vous intéressent pas, nous vous suggérons alors de passer outre à ce chapitre. Nous ne voulons pas que votre opinion ou les principes énoncés dans ce livre soient ternis par le contenu du présent chapitre.

Certaines personnes croient que le sujet que nous aborderons ici est irrationnel et qu'il va à l'encontre des enseignements spirituels occidentaux. Elles peuvent y percevoir une information contraire aux doctrines reçues à propos de Dieu et de leur religion. Cette perception pourrait, par conséquent, les amener à douter de la qualité de l'information véhiculée dans les chapitres subséquents. Pour d'autres, par contre, cette information constituera l'essence même du message.

Notre but est simplement de rapporter ce que nous avons vu et entendu ; nous n'avons ni le désir ni l'intention de vous influencer ou de vous suggérer d'adhérer à une philosophie ou à une autre. Si vous avez relevé un parti pris dans notre livre, il est voulu : c'est celui de l'amour et de la façon d'aborder les enfants du troisième millénaire. Nous ne soutenons ou ne recommandons aucune philosophie, aucune religion, quelle qu'elle soit.

Si vous émettez des réserves face à la métaphysique, veuillez alors passer au chapitre quatre ; nous y explorons des questions de santé, notamment les problèmes d'attention et d'hyperactivité. Même si vous choisissez de ne pas lire ce chapitre, vous ne perdrez en rien l'essence du message relatif aux enfants indigo.

Pour tous les autres

Ce chapitre-ci présente de nombreuses anecdotes provenant de tous les coins du monde ainsi qu'une prophétie annonçant les enfants du troisième millénaire comme « ceux qui savent d'où ils viennent et qui ils furent jadis ».

Un personnage bien connu de la télévision, Gordon Michael Scallion [cité dans la série télévisée *Prophecies and Predictions*], avait prédit la venue de « nouveaux enfants bleu foncé » tout comme d'autres historiens spirituels l'avaient aussi annoncée dans des textes anciens.

La réincarnation, la vie après la vie, existe-t-elle vraiment ? Peut-on taxer les innombrables anecdotes d'enfants racontant à leurs parents qui ils « étaient » de simples fantaisies issues d'esprits imaginatifs et intelligents, ou bien s'agit-il véritablement d'une vieille mémoire dont nous devrions tenir compte ?

Nous aimerions avoir réponse à toutes ces questions. Quoi qu'il en soit, ne méprisez jamais les récits des enfants. S'ils bousculent vos croyances, n'en tenez pas compte, tout simplement. Par contre, il serait peut-être très enrichissant de noter par écrit ce qu'ils vous racontent avec tant de candeur. Au fil du temps, ces « messages » s'intégreront et n'affecteront probablement pas les enseignements religieux qui leur seront transmis plus tard. D'ailleurs, la majorité des enfants finissent par oublier ces souvenirs vers l'âge de sept ans. De multiples témoignages relatent, au contraire, que les enfants s'intéressent à l'Église, et cet attrait pour le spirituel est une caractéristique très récente des nouveaux enfants ; ces témoignages valent donc la peine d'être entendus.

Avant d'aborder ce chapitre, définissons-en quelques termes :

- *Vie antérieure* : concept qui soutient que l'âme humaine est éternelle et qu'elle s'incarne dans des corps pour y vivre des expériences diverses au cours de nombreuses existences.

- *Karma* : croyance selon laquelle l'énergie d'une vie antérieure ou d'une série de vies passées contribue à façonner le potentiel d'apprentissage et les traits de la personnalité de l'individu dans une vie donnée.

• *Aura* : force vitale entourant la personne, parfois perçue intuitivement et dont les couleurs variées ont une signification.

• *Vibration* : aussi appelée « fréquence », décrit l'état d'illumination d'un être.

• *Énergies anciennes* : modes de pensée faisant souvent référence à des états de non-illumination ou de non-éveil de la conscience.

• *Artisan de la lumière* : personne dont les vibrations sont élevées, vivant dans un état d'illumination et accomplissant un travail spirituel.

• *Reiki* : système visant à équilibrer l'énergie.

Jan et moi éprouvons un grand respect pour Melanie Melvin, Ph.D., conseillère à l'échelle internationale et membre du British Institute of Homeopathy. Vous pouvez visiter son site Internet (www.drmelanie.com). Bien qu'elle apporte sa collaboration sur divers sujets, Melanie considère son travail inspiré par le spirituel.

RESPECTER L'ENFANT INDIGO
par Melanie Melvin, Ph.D.

Les indigo portent en eux, dès la naissance, le respect de leur essence divine et la conviction inébranlable d'être les enfants de Dieu. C'est pour cela qu'ils sont étonnés et même consternés si vous n'êtes pas conscient de votre origine spirituelle ou si vous ne la vivez pas. Il est donc fondamental que vous vous respectiez d'abord vous-même, car rien ne rebute plus les nouveaux enfants que les adultes qui ne savent pas gagner leur respect ou qui n'assument pas leur rôle et leur responsabilité parentale.

Un jour que je venais tout juste de terminer le lavage du plancher, Scott, mon fils de deux ans et demi, arriva en trombe sur le carrelage mouillé. Encore agenouillée, je tendis le bras pour éviter qu'il ne glisse et ne tombe. Il se redressa, me regarda droit dans les yeux et me lança d'un ton puissant et déterminé : « Ne pousse pas Scottie ! » Il s'était senti non respecté et affichait ainsi sa force et son autonomie. Tant de ténacité dans un si petit corps m'impressionna au plus haut point.

Le respect envers soi doit être vraiment sincère, car si vous essayez simplement d'appliquer une technique, aussi bonne soit-elle, vos enfants le sentiront tout de suite. Il doit émerger du plus profond de vous-même et vous devez être un modèle qui les inspire. Souvenez-vous ! Les faits et gestes sont plus éloquents que les paroles, et si vous n'êtes pas intègre, vos enfants se détourneront de vous. De toute façon, leur imitation ne restera toujours que partielle parce que les indigo ont leur propre identité.

J'ai eu l'occasion de constater l'effet d'une technique « appliquée » sans profonde conviction auprès d'une fillette de trois ans, autonome et très indépendante, qui s'amusait avec la mienne. La mère venait chercher sa fille et, voulant se montrer gentille, lui répéta à plusieurs reprises qu'il était temps de partir, laissant le pouvoir de décision entièrement à la petite qui, en fin de compte, n'éprouva que du mépris pour le manque de fermeté de sa mère.

Bien que la mère ait visiblement commencé à perdre patience, elle continuait de lui parler sur un ton doux et suppliant. Lorsque j'en ai eu assez, je me suis adressée à la fillette : « Si tu ne pars pas maintenant avec ta maman, elle ne voudra plus que tu reviennes jouer avec ma fille. » Elle me regarda, comprit le message et décida de partir.

Si la mère avait été honnête et s'était montrée ferme et respectueuse, elle aurait tout simplement dit : « Il faut que je rentre à la maison. Que dois-tu faire pour être prête à partir ? » Les événements se seraient alors déroulés autrement. Quand les enfants indigo sentent que vous êtes intègre et que vous les respectez, ils deviennent plus coopératifs et réagissent honnêtement en retour. En revanche, la culpabilité et la manipulation les mettent en rogne.

Respectez-vous, respectez vos enfants comme étant des êtres spirituels et exigez aussi qu'ils vous respectent en retour. Un jour que mes enfants étaient témoins de l'attitude irrespectueuse d'enfants à l'égard de leurs parents, ils me dirent : « Maman, jamais tu ne nous permettrais de te parler de cette façon ! » Je sais qu'ils m'apprécient et me respectent pour cela. L'une des pires erreurs que peuvent commettre les parents est d'éviter à tout prix de faire de la peine à leurs enfants ou de les blesser psychologiquement. Que dire du tort qu'on leur cause en leur laissant le plein pouvoir dans un monde qui les dépasse et en abdiquant son rôle de conseiller et de guide ?

Considérez vos enfants comme des êtres égaux sur le plan spirituel, mais rappelez-vous que cette fois, vous êtes les parents. Par conséquent, vous en avez la responsabilité et vous devez leur offrir toute la liberté et les choix qu'il leur est possible d'assumer. Ils peuvent, par exemple, choisir les aliments dont ils ont envie parmi ceux que vous avez préparés ou vous aider quant au choix des menus. Cela ne signifie pas pour autant que vous devez répondre aux caprices de chacun et préparer divers menus à chaque repas, comme le font certaines mères qui s'évertuent à faire plaisir à tout le monde. Les membres de la famille doivent se donner la main et se respecter mutuellement ; personne ne doit être le serviteur ou l'esclave des autres.

Au cours de ma pratique de psychologue et d'homéopathe, j'ai constaté que les enfants qui démontrent le plus de colère sont ceux dont les parents sont trop permissifs et n'établissent pas de limites. J'ai observé beaucoup de ces enfants pousser leurs parents à bout simplement pour les obliger à fixer des balises. Si vous laissez votre enfant prendre le contrôle, c'est que vous avez renoncé à votre rôle de parent.

Quand mon fils avait deux ans, je lui interdisais de toucher un bibelot qui reposait sur la table d'appoint. Comme le font tous les enfants, il a enfreint l'interdiction dans le but de me mettre à l'épreuve. Consciente de son intention, je lui ai donné une petite tape sur les doigts. Le scénario s'est répété à plusieurs reprises, entraînant chaque fois la même conséquence. Il était alors en pleurs et j'en éprouvais de la peine, mais je savais que passer ce geste sous silence aurait été beaucoup plus néfaste pour lui. En effet, cela aurait signifié qu'il aurait eu raison du parent alors que celui-ci devait être le plus mature, le plus fort, celui sur qui il pouvait compter et qui le protégeait. Cette constatation était effrayante pour l'enfant. Une fois l'incident clos, nous nous sommes embrassés ; il était content et n'a plus senti le besoin de me tester jusqu'à ce point. Si j'avais cédé, il nous aurait fallu revivre ce scénario jusqu'à ce que je comprenne le message, c'est-à-dire que je reprenne le contrôle.

Lorsqu'un indigo défie constamment un adulte, il lui dit simplement qu'il ne se sent pas respecté ou que celui-ci ne se respecte pas en lui laissant le pouvoir. Il est normal que les enfants vous mettent à l'épreuve de temps à autre. Souvenez-vous que le respect découle de l'amour, et si celui-ci est véritable, tous en retireront un grand bénéfice. Les enfants ne sont pas là pour combler le besoin des parents d'être aimés et acceptés.

Liberté de choisir

Les enfants indigo éprouvent un grand besoin de liberté ; la véritable liberté va de pair avec la responsabilité des choix que nous faisons. Les choix des enfants, il va sans dire, doivent être à la mesure de leur degré de maturité. Cela me rappelle une anecdote au sujet de notre fille Heather, qui avait alors onze ou douze ans. La famille de sa meilleure amie l'avait invitée à les accompagner à Disneyland. Elle était enrhumée et savait que les parents fumeraient tout le long du trajet, ce qui la rendait toujours malade. De plus, elle revenait tout juste de Disneyland et hésitait à dépenser ses économies si vite. Par contre, il lui était bien difficile de refuser d'aller avec eux, de crainte de décevoir son amie.

Elle était confuse et ne se sentait pas bien parce qu'elle n'arrivait pas à prendre de décision. Je savais que ce choix la dépassait et qu'en réalité, elle souhaitait ne pas y aller, mais Heather était incapable de refuser. Je lui ai alors dit qu'elle devait rester à la maison. Elle a d'abord pleuré de déception, puis s'est sentie soulagée et, plus tard, elle m'a même remerciée d'avoir pris la décision.

Une situation semblable s'est produite lorsqu'elle avait dix-huit ans. Elle venait de se débarrasser d'une infection virale juste à temps pour assister à la remise des diplômes. L'événement avait lieu le samedi soir et elle devait rentrer le lendemain matin. Le dimanche soir, elle allait danser avec ses amis, ce qui l'obligeait à conduire la voiture pendant plus d'une heure. Elle hésitait un peu, car sa fin de semaine était bien remplie ; elle craignait une rechute mais, en même temps, elle songeait au plaisir qui l'attendait. Je lui ai rappelé qu'elle avait le choix de rester à la maison ; elle a alors pris la décision d'y aller et j'ai respecté son choix.

Dans les deux cas, j'ai tenu compte de ses véritables désirs. J'ai tranché quand j'ai senti qu'elle avait besoin d'aide et je me suis éclipsée lorsqu'elle a pris une décision ferme. Les deux situations exigeaient respect et discernement, et Heather a acquis de l'expérience dans les deux cas. Le but de la vie étant de vivre des expériences, il n'existe donc pas de mauvais choix puisque nous tirons des leçons quel que soit le choix. Notre rôle de parents consiste à guider, à éduquer et à encourager nos enfants, mais nous devons aussi leur permettre d'apprendre, le plus souvent possible, en assumant les conséquences naturelles et logiques de leurs choix. Les enfants indigo se rebellent lorsqu'ils sentent que l'on veut leur imposer notre volonté.

Ils ont déjà conscience de leur différence ; les taxer d'hyperactifs ou d'enfants souffrant de problèmes d'attention leur laisse croire qu'ils sont différents de façon négative. Ce sentiment entraîne chez eux le découragement, la dépression et crée un cercle vicieux de réactions et d'états d'esprit négatifs qui les empêchent d'explorer leur potentiel et d'exploiter leurs talents.

Leur incapacité à rester tranquilles ou à se concentrer trahit une douleur émotionnelle. Les traiter de mauvais enfants engendre de la colère parce qu'ils se sentent privés de leur propre valeur. Cette dévalorisation répétée les enfonce encore plus profondément dans leur douleur. J'ai connu une de ces petites indigo : elle avait quatre ans et ressemblait à un petit ange blond aux yeux bleu ciel. Elle venait d'entrer à l'école Montessori et avait de terribles excès de colère ; les voisins, inquiets, téléphonaient ou se rendaient à l'école, croyant que les enseignants lui infligeaient des sévices corporels. C'était « le petit ange » qui frappait les professeurs et se chamaillait avec les autres enfants tout en se regardant agir dans le miroir avec grande satisfaction.

La fillette en voulait à sa mère qui ne la respectait pas en lui accordant trop de liberté. Elle en avait aussi contre ses professeurs qui la laissaient abuser des autres. Cette enfant n'avait pas une très haute opinion des adultes : d'un côté, elle se sentait plus forte et plus brillante qu'eux et, de l'autre, dénigrée. Il lui fallait donc prouver qui était la meilleure, et elle espérait, au fond, que quelqu'un se montrerait à la hauteur de la situation.

Il est toujours plus facile d'observer la situation de l'extérieur et de la jauger d'un œil détaché. Dès le début de nos rencontres, je lui ai d'abord fait comprendre que c'était moi qui étais en charge de la situation. J'ai adopté une attitude ferme, affectueuse, juste et respectueuse et j'en attendais autant de sa part. Puis, je lui ai administré un remède homéopathique qui faciliterait la situation, car il aide le corps à retrouver son équilibre. Dès le jour suivant le premier traitement homéopathique, j'ai reçu un appel de l'école : on voulait comprendre ce qui s'était passé. En effet, un miracle s'était produit : plus d'excès de colère, plus de coups de pied, plus de brimades. Le petit ange était de retour.

Toutefois, je savais bien que cela ne s'arrêtait pas là : il fallait maintenant travailler de concert avec les adultes qui l'entouraient afin qu'elle ne retombe pas dans ses vieilles habitudes et pour l'aider à conserver son équilibre émotif. Elle avait besoin d'une mère et de professeurs solides, fermes et affectueux, en qui elle pouvait avoir confiance et auprès de qui elle se sentirait suffisamment en sécurité pour se calmer et faire son travail. D'ailleurs, nous éprouvons tous ce besoin, même adultes.

Au fur et à mesure que sa colère s'apaisait, le motif profond de son comportement a commencé à surgir : elle ne se sentait pas aimée par ses pairs et se trouvait négativement différente des autres. Je lui ai administré un autre remède homéopathique qui aide à faire face au chagrin et au sentiment de perte et l'ai aidée à guérir ses blessures émotionnelles. Ensuite, nous avons fait en sorte qu'elle développe quelques habiletés sociales.

Nous ne voulons pas que les indigo deviennent comme les autres enfants, mais il est difficile d'être différent dans cette société. C'est pourquoi ils se sentent souvent seuls et ne s'intègrent pas aux groupes, et cela les blesse. Pourtant, leur dire qu'ils sont comme les autres ne les aide pas non plus parce qu'ils savent très bien que c'est faux. Il est plus important de les amener à comprendre le côté positif de leur différence. Demandez-leur s'ils souhaiteraient être quelqu'un d'autre, en leur donnant des exemples précis; il y a fort à parier qu'ils répondront non. Cette question leur rappellera le choix qu'ils ont fait : être ce qu'ils sont.

L'indépendant indigo

En général, les enfants indigo sont des êtres indépendants. Ainsi, quand ils choisissent leur voie, ne vous sentez pas offusqué. Ils savent où ils s'en vont et leur détermination peut parfois effrayer.

Un matin que nous étions au restaurant, mon mari et moi, nous observions une mère et sa fille. La mère voulait prendre son petit déjeuner tranquille et voulait que sa fille reste sagement assise. Elle se rappelait sans doute combien on exigeait autrefois que les enfants soient comme des images dans les lieux publics. L'enfant normal éprouve le besoin inné de bouger et de s'occuper ; chez l'indigo, ce besoin est décuplé.

La petite fille, qui devait avoir trois ans, était assise dans une chaise haute sans la tablette protectrice, car la chaise devait être rapprochée jusqu'à la table. Comme la chaise était trop haute, la mère l'avait laissée éloignée d'environ trente centimètres de la table de façon à empêcher la fillette de grimper. La mère s'attendait donc à ce que son enfant reste assise parce qu'elle le lui avait demandé. Après avoir observé l'enfant pendant une minute ou deux, mon mari et moi nous sommes regardés et avons dit en même temps « indigo ».

Nous avions remarqué le regard intense et totalement prosaïque de l'enfant et son sentiment d'être égale aux adultes. Elle n'était ni timide ni craintive, ni même préoccupée de savoir si nous approuvions ou non son attitude, car elle était là, maintenant debout, dans sa petite chaise.

Elle ne le faisait pas dans l'intention de défier sa mère et n'avait pas le sentiment de faire quoi que ce soit de mal. Sa motivation provenait de l'intérieur. Bien qu'elle ait été debout, je ne craignais pas qu'elle tombe ; elle non plus d'ailleurs. Elle était en contrôle, avait pleine confiance en elle et nous inspirait le même sentiment.

Sa mère me préoccupait davantage. Si elle voulait appliquer les vieilles méthodes avec sa fille, je lui souhaitais bonne chance. Je lui ai dit : « Elle sait ce qu'elle veut cette petite ! » espérant qu'elle comprendrait que c'était un point positif. Elle m'a répondu : « En effet ! » sur un ton mêlé de fierté et d'exaspération.

La petite fille a entendu ce que nous disions et, comme si rien ne s'était passé, a continué à faire ses choix, à suivre son intuition, ses valeurs, sa motivation et à agir avec discernement. Si la mère lui avait suggéré une activité et lui avait communiqué sa crainte de la voir tomber, les choses se seraient passées autrement et toutes deux en auraient tiré profit.

Si l'indigo exprime cette indépendance en tenant compte des besoins des autres, il est préférable d'éviter de lui faire éprouver de la culpabilité, la crainte de l'opinion des autres et le manque de confiance en son intuition, toutes ces limitations qu'ont connues les générations précédentes.

Ils sont ce qu'ils mangent

L'alimentation est un autre domaine qu'ils n'ont pas hérité de nous. En effet, la nourriture n'est pas une priorité pour eux et ils n'ont pas tendance à consommer de grandes quantités d'aliments – ce qui préoccupe plus d'un parent d'ailleurs. C'est assez ironique quand on songe à toute l'énergie que les adultes déploient par rapport à leur poids.

De plus, leur foie a la capacité de métaboliser plus facilement les aliments de piètre qualité que le nôtre, bien que la plupart des indigo aient une préférence pour les aliments vivants, comme les fruits et les légumes. Ils aiment les petites portions et ne se soucient pas de ce qu'on leur servira au prochain repas. Si vous utilisez les vieilles techniques de manipulation, de supercherie, de peur ou de culpabilisation, vous perdrez leur respect. Si leur santé vous cause du souci ou si vous avez quelques connaissances en nutrition, partagez tout cela avec eux, puis laissez-les effectuer leurs propres choix ; leur sagesse innée les guidera vers les aliments dont ils ont besoin.

Au cours des années 70, on a effectué une expérience auprès d'un groupe important d'enfants de deux ans et demi et moins. À chaque repas, on leur présentait un grand nombre de plats parmi lesquels ils pouvaient choisir ceux dont ils avaient envie, et cela, sans aucune restriction. Contrairement aux hypothèses des chercheurs, les enfants ont sélectionné une variété d'aliments nourrissants et n'ont pas abusé des sucreries. L'un des enfants, qui souffrait de rachitisme, a même bu de l'huile de foie de morue jusqu'à ce qu'il soit guéri. Si les enfants des années 70 savaient déjà répondre à leurs besoins nutritionnels, pourquoi ne ferait-on pas confiance aux indigo ?

Les cris du cœur

Les enfants du 21e siècle sont doués de compassion pour tout ce qui vit : la planète, les plantes, les animaux et les êtres humains. En revanche, ils ne tolèrent pas la cruauté, l'injustice, l'inhumanité, la stupidité, l'insensibilité et l'indifférence. Bien qu'ils aiment posséder des choses, ils ne sont pas matérialistes, à moins d'être trop gâtés, et ils sont habituellement généreux.

Les recherches en psychologie démontrent clairement que les parents sensibles et attentifs aux besoins de leurs enfants engendrent des êtres qui savent aussi être à l'écoute des autres. On a même découvert récemment que lorsqu'une personne en aide une autre, son rythme cardiaque ralentit, alors que celle qui a tendance à être moins secourable affiche un rythme cardiaque plus élevé. De plus, on remarque que ceux qui portent secours aux autres de façon désintéressée l'ont fait alors qu'ils auraient pu quitter les lieux. Ils répondaient à un élan du cœur.

En d'autres termes, les enfants qui témoignaient de l'empathie envers leur prochain avaient en général confiance en eux et affichaient aussi un rythme cardiaque plus lent. On notait également une meilleure santé physique, émotionnelle, mentale et sociale, et personne n'abusait de leur générosité. Par contre, les moins altruistes étaient typiquement les enfants les plus malheureux dans la vie.

Les recherches démontrent également que les principes moraux élevés découlent de l'empathie et que l'on apprend celle-ci lorsque d'autres ont témoigné de la compassion à notre égard. Honorez la capacité de vos enfants à faire face aux situations de la vie et permettez-leur d'exploiter leur potentiel. Les nouveaux enfants apportent avec eux des habiletés et des défis particuliers dont ils doivent faire l'expérience. Ne vous tracassez pas à leur sujet et ayez plutôt confiance en la sagesse de leur mission ; apportez-leur votre soutien et guidez-les sur le sentier qu'ils ont choisi. Soyez vous-même, admettez vos torts et vos problèmes, ils apprendront à faire de même. Soyez transparent dans vos émotions et exprimez-leur votre amour.

Aider autrui n'est pas simplement un geste du cœur, mais pour le cœur. Nous avons maintenant des preuves tangibles que l'altruisme favorise la santé émotionnelle et physique. Avant que vos enfants aient la capacité de verbaliser ou même de conceptualiser les principes moraux, ils savent faire preuve d'empathie.

Cette aptitude s'est manifestée chez mon fils Scott, dès l'âge de dix-sept mois. Un jour que j'étais malade et excédée par mon état, je me suis mise à pleurer. Lorsque Scottie s'en est aperçu, j'ai essayé de dissimuler mes pleurs, mais il a voulu savoir pourquoi je pleurais. Je lui ai répondu que j'avais du chagrin. C'est alors qu'il m'a demandé de le prendre dans mes bras et a commencé à pointer du doigt des images et des jouets qui pourraient m'intéresser. C'est exactement ce que je faisais quand il pleurait. Il reproduisait ce qu'il avait appris, et cela a marché.

En une autre occasion, ma fille Heather voulait que je m'occupe d'elle. Ne pouvant répondre tout de suite à sa demande, je lui ai dit : « Maman est occupée en ce moment. » Scottie, qui était tout près, a ajouté en mettant l'accent sur ses mots : « Mais elle a besoin de toi. » Il n'avait pas encore trois ans à cette époque et Heather était âgée d'environ huit mois. Même les très jeunes enfants savent déchiffrer les besoins des autres.

Comme nous l'avons mentionné précédemment, le développement moral de l'enfant naît de la compassion. Le code d'éthique provient du cœur et non d'un ensemble de règles strictes à observer. En temps de crise, ce n'est pas la tête qui gouverne mais le cœur.

Le courage et la vigilance sont le résultat de la générosité et de la volonté de prendre des risques au profit des autres et non d'un raisonnement logique où sont soupesés les pour et les contre. En bout de ligne, ce n'est pas la pensée qui détermine l'action juste, mais bien le cœur.

Volonté forte, âme forte

Les indigo font preuve d'une grande détermination lorsqu'ils veulent obtenir quelque chose et peuvent vous harceler jusqu'à ce qu'ils obtiennent gain de cause. En général, de bonnes raisons motivent leurs demandes. Il est donc préférable que vous vous accordiez un certain temps de réflexion avant de leur lancer un non catégorique, faute de quoi vous aurez peut-être à reconsidérer votre réponse ou à revenir sur votre décision.

Par conséquent, vous avez intérêt à analyser attentivement leurs raisons avant de répondre parce que si vous leur refusez ce qu'ils demandent pour ensuite revenir sur votre décision, ils sauront très vite comment s'y prendre les prochaines fois : ils vous harcèleront jusqu'à ce que vous cédiez. Il est évident que vous n'avez pas à leur accorder tout ce qu'ils demandent ; par contre, assurez-vous que votre réponse, quelle qu'elle soit, corresponde à ce que vous voulez réellement.

Le sens des responsabilités

En ce qui concerne le comportement, la première loi consiste à établir peu de règlements et plus de directives et de principes. Quand on leur inculque des valeurs et des principes, les indigo savent faire les choix appropriés. Aidez-les à acquérir un code d'éthique construit sur l'amour ; ainsi, leurs décisions partiront du cœur et lorsque vous serez absent, ils ne dépendront pas d'une autorité extérieure qui leur dictera leur comportement ou n'essaieront pas de profiter de la situation pour en faire à leur tête.

La majorité des êtres humains réagissent mal aux ordres. Il vaut mieux être un guide et un conseiller aimant qu'un maître de discipline sévère. Définissez les limites avant de les mettre en application. Adaptez vos demandes à votre enfant ; permettez-lui d'expérimenter l'irresponsabilité et les conséquences naturelles et logiques qui y sont rattachées ; faites en sorte qu'il ait aussi son mot à dire. Faites-lui confiance : il saura probablement répondre à vos attentes en ce sens.

L'amour est la clé

Gardez en mémoire que votre enfant a peut-être vécu autant de vies antérieures que vous et que, de ce fait, c'est aussi un être spirituel doté d'une personnalité unique, de talents, qui doit assumer son karma et vivre ses propres expériences. Vos enfants se sont incarnés pour vivre cette vie avec vous et vous ont choisi pour apprendre certaines leçons, développer des aspects de leur personnalité et fortifier les points faibles de leur spiritualité.

Cette réalité ne vous dispense pas de votre responsabilité de parent, mais ne vous rend pas entièrement responsable de ce qu'ils deviendront. À titre d'entité spirituelle, ils sont vos égaux. Ils ont choisi, cette fois, d'être vos enfants ; peut-être étiez-vous les leurs dans une vie antérieure. Il arrive aux parents de dire : « Tu verras quand tu auras des enfants ! J'espère qu'ils seront comme toi ! » C'est peut-être la raison pour laquelle vos enfants sont vos enfants dans cette vie-ci. En fait, les parents et les enfants se ressemblent beaucoup plus que nous ne voulons généralement l'admettre.

Les relations humaines constituent les meilleures occasions de croissance parce que nos enfants nous permettent de nous voir tels que nous sommes puisqu'ils sont nos miroirs. Lorsque vous comprenez ce que vos relations avec eux vous apportent comme expériences de vie, vous envisagez les problèmes sous un nouvel éclairage. En réalité, nous nous compliquons les choses lorsque nous nous en faisons, quand nous nous blâmons ou essayons d'échapper aux défis auxquels nos enfants nous confrontent. Observez ce qui vous cause le plus de difficulté dans votre relation avec eux et découvrez les leçons que vous devez en tirer. En acceptant d'y faire face, vos relations ne s'en trouveront que meilleures. Rappelez-vous également que l'humour est un grand remède et branchez-vous sur l'amour que vous éprouvez pour ces petits êtres qui vous sont si chers.

Sentez-vous honoré de les côtoyer parce qu'ils vous ont choisi pour des raisons précises et soyez à la hauteur de votre mission. Donnez-leur votre temps, votre attention et ce que vous êtes ; c'est cela l'amour. Les enfants gardent le souvenir des événements qu'ils vivent avec nous, mais ils oublient combien de fois ils les ont vécus. Par conséquent, donnez le meilleur de vous-même, chaque fois que vous le pouvez.

Robert Ocker, professeur et « spécialiste du cœur » nous livre un dernier commentaire.

UN VOYAGE AU CŒUR DU CŒUR
par Robert P. Ocker

Lors d'un atelier sur la gestion de la colère auprès d'un groupe de soutien constitué de jeunes adolescents, ceux-ci devaient relater par écrit une expérience significative qu'ils avaient vécue, puis la partager verbalement avec le groupe. Mon but, à titre d'animateur, était d'aider les enfants à prendre conscience de l'estime de soi.

Un jeune garçon se leva avec assurance et demanda : « Savez-vous quelle a été l'expérience la plus importante des cent dernières années ? » Les enfants se regardèrent, puis se tournèrent vers moi en répondant non. Avec toute la sincérité du monde, le jeune indigo répondit : « Moi ! »

Il va sans dire que les autres enfants éclatèrent de rire comme le font les jeunes de cet âge quand ils se sentent mal à l'aise ou ne comprennent pas. J'ai alors senti les vibrations du groupe descendre de quelques crans. Je me suis doucement approché du garçon un peu confus et, l'abordant avec respect tout en le regardant droit dans les yeux, je lui ai dit : « C'est juste et je suis heureux que tu sois là. Nous te remercions de nous enseigner à tous que le rire et la paix peuvent triompher de la colère. Merci ! »

Les yeux du jeune indigo s'illuminèrent, puis il se mit à rire. L'énergie du groupe changea de nouveau, mais cette fois, c'était une énergie de paix.

Le degré de confiance en soi est un facteur déterminant pour le succès futur de l'indigo. Il est beaucoup plus important que l'enfant acquière et conserve l'estime de soi plutôt qu'il emmagasine des connaissances techniques. Vous pouvez partager avec eux la connaissance dont ils ont besoin, mais respectez cette confiance en eux qu'ils apportent en naissant : elle est le reflet de leur confiance en Dieu.

Tel qu'il a été cité par Ken Carey dans *Souvenance d'étoiles* : « Nombre de ces petits ont souvenance du grand Être qui sommeille derrière le filtre de leur personnalité. Votre rôle consiste à les aider à conserver ce souvenir intact tout au long de leur croissance. Contribuez à l'incarnation des entités qui les entourent.

« Quand vous percevrez d'abord leur beauté et leur perfection, quand vous affirmerez leur réalité éternelle, quand vous la trouverez dans leur regard, vous ne pourrez faire autrement que leur tendre la main. Mettez en valeur le meilleur d'eux-mêmes et de tous ceux que vous croiserez sur votre route. Ne vous laissez pas distraire par ceux qui n'ont pas encore conscience de leur immortalité, mais voyez plutôt en eux l'âme qui cherche à s'incarner dans cette individualité. Reconnaissez ce grand Être et établissez un lien avec lui. Permettez-lui d'émerger et aidez une autre dimension de l'éternité à se glisser dans notre temps. Contribuez à l'éveil de cette génération. »

Le jeu, porte de l'univers

« Vous pouvez mieux connaître une personne en une heure de jeu qu'en une année de conversation. »

Platon

J'ai tenté de toucher l'enfant par mes mots
Mais ils ne l'ont pas rejoint.

J'ai tenté de toucher l'enfant par les livres
Mais il est demeuré perplexe.

Désespéré, je me suis détourné et j'ai crié :
« Comment puis-je atteindre cet enfant ? »

C'est alors qu'il me chuchota à l'oreille :
« Viens jouer avec moi. »

Auteur inconnu

Lorsque nous jouons avec les petits, les anges jouent avec les étoiles. Le jeu est puissant : il nous donne accès à l'univers où, avec le Créateur de toutes choses, nous jouons le jeu de l'amour, donnant et recevant ce merveilleux cadeau. Honorez ces petits et mettez-vous à leur école. Ils nous enseignent la pureté du cœur, celle qui ne connaît que l'amour inconditionnel. Ce sont eux qui hériteront de la Terre et répandront l'amour véritable.

Leur esprit et leur cœur portent le germe des images et des visions de la planète Terre. Leur mission est claire : préparer l'humanité au chant de l'amour universel. Entendez ces visions, voyez leur espoir et guidez-les ; la vision de demain se cache dans l'imagination d'aujourd'hui.

Palpez l'enjouement de ces imageries ; c'est dans cette énergie que se trouve le libre arbitre qui anime l'univers. C'est cette même énergie qui entonnera le chant des étoiles et l'hymne de l'univers. Soyez à l'écoute de l'imagination des petits. Écoutez et laissez-la vous inspirer. Les petits perdent peu à peu leur capacité de rêver d'un univers intérieur. Comprenez leurs intentions et aidez-les à faire les choix qui mèneront notre planète vers la paix, cette paix qu'ils connaissent et par laquelle ils nous enseignent à mieux comprendre l'humanité.

Riez avec les petits

Le rire est la clé. Écoutez leur rire. Quand ils rigolent, les étoiles rayonnent de bonheur parce que cela représente la joie et l'espoir d'une lumière nouvelle sur la Terre, la planète du libre arbitre, la planète du rire. Nos enfants ne sont-ils pas trop sérieux ? Et que dire des adultes ? Quel exemple leur donnons-nous ? Riez, riez et comprenez que le cœur des petits a soif de rire aussi. Les étoiles l'exigent, l'univers le commande. C'est la clé qui permet à cette planète de continuer de vibrer d'amour, de joie et de paix. Riez avec les petits.

Voici maintenant la dernière partie de l'entrevue que Nancy Tappe accordait à Jan Tober.

✧ ✧ ✧

LA SPIRITUALITÉ DES ENFANTS INDIGO
par Nancy Ann Tappe
(troisième partie)

Nancy, y a-t-il des indigo qui vivent leur première vie sur terre ?

Oui, quelques-uns d'entre eux, mais d'autres ont déjà expérimenté la troisième dimension et je crois que certains viennent même d'une autre planète. Ce sont les indigo interplanétaires, ceux que j'appelle les *interdimensionnels.* Pour ce qui est de l'artiste, du conceptuel et de l'humaniste (voir chapitre un), ils sont passés sur terre et ont expérimenté tout le système des couleurs.

Ont-ils un karma ?

En effet, ils peuvent avoir un karma, ils n'en sont pas forcément libérés. D'ailleurs, si vous observez les enfants indigo, vous voyez qu'entre la naissance et deux ans, ils gardent le souvenir de leurs vies antérieures.

J'adore ces anecdotes ; j'en aurais d'ailleurs des tonnes à raconter seulement à propos de mon petit-fils. Ma fille Laura a habité chez moi les cinq premières années de la vie de Colin. Un soir, en rentrant du travail, ma fille m'annonce : « Maman, tu vas adorer celle-là. Demande à Colin de te raconter ce qu'il m'a dit aujourd'hui. » Il refusa d'abord de me dire quoi que ce soit. Laura insista : « Allez chéri, raconte à mamie, elle adore ces histoires. » Alors, il me défila rapidement : « J'ai simplement dit à maman que quand je vivais à Magog, elle n'était pas ma mère, elle était mon amie, et puis, nous n'existions plus. Ensuite, nous vivions dans des cavernes et encore, nous n'existions plus. » « C'est très intéressant », lui dis-je. Il me jeta un regard, rit et ajouta : « Tu sais, mamie, je viens d'inventer cette histoire-là . » « Oui, je sais, chéri, nous inventons tous des histoires de temps en temps. » Comment un enfant de deux ans aurait-il pu inventer le mot *Magog* ?

Au fil de ma pratique, j'ai entendu nombre d'indigo me parler d'époques antérieures. J'avais des clients à Laguna Beach, en Californie, qui avaient été mes étudiants pendant plusieurs années. Un jour, ils me téléphonèrent me demandant s'ils pouvaient me rencontrer, car ils avaient un grave problème. Je les vis donc à l'heure du lunch.

En fait, le problème concernait leur petite fille de deux ans qui, trois jours auparavant, s'était éveillée, le matin, en leur disant qu'elle était enceinte et qu'elle devait retourner à New York. Elle ajouta qu'elle avait laissé sa fille à la garderie et qu'elle jouait au théâtre. Je me suis donc placée dans un état de médiumnité et j'ai pu voir de quoi il s'agissait. « Je vois en effet qu'elle était sur scène lorsque le théâtre a pris feu. Tout le monde essayait de s'échapper des flammes, mais elle trébucha et une poutre tomba sur elle, l'emprisonnant. Quand les pompiers arrivèrent, elle était brûlée mais encore en vie. Elle mourut noyée, car ceux-ci inondèrent l'endroit, ignorant qu'elle s'y trouvait. » La petite fille faisait des crises en suppliant qu'on la ramène à New York.

Ces crises duraient depuis trois jours et les parents ne savaient trop quoi faire pour aider leur petite. Je leur ai dit qu'il n'y avait qu'une solution : s'asseoir avec elle et lui parler comme à une adulte. « Mélanie, ce que tu ressens en ce moment provient d'une autre vie. Ta fille est maintenant plus âgée que toi et quelqu'un d'autre s'occupe d'elle. Tu n'es pas enceinte et tu n'as rien à faire à New York. Tout cela, c'est du passé. » Ils mirent en pratique ce que je leur avais conseillé et, quelque temps après, m'apprirent que tout était rentré dans l'ordre et que leur petite fille n'avait plus jamais reparlé de l'événement.

Anecdotes à propos d'indigo

Notre fils nous fit un jour la surprise d'amener sa petite amie vivre à la maison ; elle était enceinte. Leur mariage dura peu de temps et encore adolescents, ils étaient déjà séparés. Elle quitta la maison et songea à donner l'enfant en adoption. Cette époque fut probablement l'une des plus difficiles de ma vie : mon premier petit-enfant serait élevé par un étranger. Heureusement, les choses se sont arrangées et ils sont revenus ensemble.

Un matin, à peu près six semaines avant la naissance du bébé, je m'étais mise à ma petite routine matinale quand j'aperçus une lueur éclatante dans un coin du séjour. Surprise, je l'observai quelques instants, puis elle disparut. Je me suis dit que c'était sûrement le soleil ou quelque chose d'autre. Le matin suivant, le même scénario se reproduisit mais cette fois, je fermai stores et rideaux et constatai qu'elle y était encore. Quand mon mari se mit à table pour déjeuner, je lui fis part de ce qui venait de se passer mais il ne me crut pas.

Pendant une semaine entière, la lueur est revenue, tous les matins. J'en parlais à la famille, mais personne ne me croyait. Un lundi matin, exactement une semaine après la première apparition, elle revint. Cette fois, mon mari y était et l'aperçut aussi. Nous étions sidérés. J'avais la certitude intérieure que cette présence était celle d'un ange qui préparait la venue du bébé. La lueur apparut de nouveau jusqu'à la naissance de ma petite-fille et elle a continué de se manifester pendant ses deux premiers mois.

Je savais que cette petite était spéciale, mais j'ignorais à quel point. Quand je la tenais dans mes bras, j'éprouvais une étrange sensation de familiarité, non pas parce qu'elle était ma petite-fille, mais plutôt parce que j'avais l'impression d'avoir été en sa présence avant sa naissance.

Parfois, j'avais le sentiment qu'elle me prenait dans ses bras. Vers l'âge de trois mois, il lui arrivait d'élever les mains vers le plafond ; je lui demandais alors si elle voyait son ange. Cela semble étrange, mais je pouvais presque voir un « oui » dans ses petits yeux bruns.

À mesure qu'elle grandissait, il devenait évident que nous avions hérité d'une petite-fille spéciale qui savait ce qu'elle voulait. Son horaire de sommeil était très irrégulier ; elle n'aimait pas aller se coucher et, à dix-huit mois, elle m'avoua qu'elle n'aimait pas rêver.

À deux ans, elle découvrit les vieilles poupées de mon enfance. Elle plaçait la plus grande debout et l'appelait « Olive ». Arriver à prononcer ce mot à deux ans était déjà impressionnant, mais ça l'était encore plus parce qu'il s'agissait du nom de ma mère et que nous n'avions pas vraiment parlé d'elle devant la petite. Maman était décédée deux ans avant la naissance de Jasmine.

Souvent, elle disait aussi : « Par là, Ed. » Ed était le nom de mon père. Mes parents avaient vécu ensemble pendant quarante-deux ans, soit jusqu'au décès de papa.

Quand elle doit faire un choix important, Jasmine exige au moins trois options. La seule histoire qu'elle veut entendre au coucher est celle de « Bonsoir, dame Lune ». Elle préfère s'amuser seule, visionner des films pour enfants, jouer dans la boue, envoyer des baisers à la lune, étreindre les arbres et donner ce qu'elle appelait du « Reiki de bébé » à ceux qui avaient mal.

Elle se souvient du sang de sa mère quand elle vivait dans son ventre. Elle disait que le sang lui faisait mal et qu'elle ne voulait pas rester là. Elle accepte le fait que ses parents n'habitent pas ensemble ; elle les adore tous deux ainsi que leurs nouvelles familles. Elle aime tous les enfants et reste vraiment une artisane de la paix. Son nom est Jasmine Brooke VanEtta, et elle a maintenant trois ans et demi.

Mary et Bill VanEtta

Je suis le père de Nicolas, un petit indigo de deux ans. Depuis la naissance de mon fils, la glande thyroïde de mon épouse, Laura, s'est mise à prendre du volume. Un certain mercredi, on lui demanda de se présenter à l'hôpital le vendredi suivant pour y subir une biopsie. Entre-temps, je me suis mis à étudier le programme de stabilisation de l'énergie EMF de Steve Dubro (voir chapitre cinq). La découverte de cette énergie qui nous entoure et le travail avec elle furent pour moi une expérience assez particulière, et je croyais que ce serait là une excellente occasion d'utiliser tout cela pour une bonne cause.

Tout en priant pour la guérison de mon épouse, je me suis mis à visualiser un collier vert autour de sa glande thyroïde – image tout à fait appropriée puisque Laura fait de la vente de bijoux au détail – et j'ai poursuivi ma visualisation pendant une semaine en attendant les résultats de la biopsie. J'avoue que je ne ressens pas particulièrement cette énergie et que je n'ai jamais pu la voir non plus, mais j'avais la certitude qu'elle existait et qu'elle aurait un effet positif sur Laura.

Une semaine après le premier appel de l'hôpital demandant une biopsie, nous étions en train de déjeuner lorsque Nicolas pointa le visage de Laura en disant « vert ». Pouvait-il voir cette énergie ? J'étais stupéfait, car je n'avais soufflé mot à personne de mon expérience, encore moins à mon fils de deux ans, ni même à Laura, qui ne partageait pas mon intérêt pour la métaphysique.

Laura pensa donc que son fils indiquait son nez et courut vers la boîte de papiers-mouchoirs. L'examen de l'appendice en question ne révéla rien qui puisse attirer l'attention de Nicolas qui répéta : « Maman, ton visage est vert ! » Je ne peux qu'en conclure que le petit pouvait percevoir le collier d'énergie verte que j'avais visualisé. Il était bien là. Donnerait-il de bons résultats ? Je voulais bien considérer le commentaire de mon fils comme un signe positif.

Plus tard dans la journée, Laura reçut l'appel du médecin, qu'elle attendait avec impatience. Les résultats de la biopsie étaient négatifs : il n'y avait rien.

John Owen, père de Nicolas, deux ans

J'avais fait un rêve dans lequel je réussissais à attirer une feuille de papier comme si ma main était dotée de magnétisme. Cette prouesse me semblait si réelle que, le lendemain, j'ai essayé de tourner la page de mon livre sans y toucher. Ma fille, Aja, arriva sur ces entrefaites et me demanda ce que je faisais. Je lui répondis : « Oh ! rien. » « Essaies-tu de tourner les pages de ton livre sans y toucher ? » « Oui, chérie », lui dis-je. Elle ajouta : « C'est facile, maman. Tout ce que tu as à faire, c'est fermer les yeux, aimer Dieu, voir que tu y parviens et cela se réalisera. »

J'entrai dans le jeu et, pendant que j'avais les yeux fermés, tout doucement, elle tourna la page du livre.

Cheryl Royle, mère d'Aja, six ans

Mathieu correspond tout à fait à la description de l'enfant indigo. L'année dernière, pour Noël, je lui ai offert un massage que lui a donné une amie guérisseuse, Mme *Bobbi Harris. Non seulement il a perçu des lueurs flottant au-dessus de sa tête, malgré la demi-obscurité de la pièce, mais il a ajouté : « Parfois, je ressens deux courants électriques dans mon cerveau. » À quelques reprises, il nous a fait part de son désir de retourner chez Dieu et a même parlé de crémation.*

Sunny Greenberg, grand-mère de Mathieu, sept ans

Trois des livres les plus récents de Doreen Virtue s'intitulent *The Lightworker's Way, Angel Therapy* et *Divine Guidance.* Comme ces titres le laissent sous-entendre, Doreen est vraiment un guide spirituel. En fait, ce qu'elle nous offre par ces écrits est un heureux mélange d'information pratique et de spiritualité. Ce qui suit constitue le cœur du message qu'elle nous livre. Bien que le chapitre quatre traite plus en profondeur de la question des problèmes d'attention et d'hyperactivité, elle nous donne ici son opinion sur le lien entre la spiritualité des indigo et ces deux diagnostics.

ÊTRE PARENT D'UN ENFANT INDIGO
par Doreen Virtue, Ph.D.

Ma perception des enfants est le résultat d'une formation et d'une expérience très éclectiques. En effet, je suis mère de deux fils adolescents, psychologue et ex-directrice d'un programme pour jeunes toxicomanes. Toute ma vie, j'ai étudié la métaphysique et je suis guérisseuse, travaillant avec l'énergie des anges. Comme vous, je me souviens de ce que grandir signifie sur le plan émotionnel.

Tout jeune, vous souvenez-vous d'avoir eu l'impression d'être un adulte malgré votre corps d'enfant ? Presque tout le monde se rappelle s'être senti vieux ou mature avant l'âge reconnu. J'attribue cette réalité au phénomène de la réincarnation : nous sommes de vieilles âmes qui revenons d'abord dans le corps d'un enfant.

Pourtant, les adultes traitent souvent les enfants comme s'ils étaient… des enfants, oubliant que chaque fois qu'ils s'adressent à eux, c'est comme s'ils parlaient à des adultes ; il n'y a aucune différence. Les enfants exigent et méritent le respect que nous portons aux adultes.

Le fait qu'en cette fin de millénaire le nombre de diagnostics de déficit d'attention et d'hyperactivité ait monté en flèche ne relève pas de la coïncidence. Selon une étude menée à la John Hopkins University Medical School, le nombre d'enfants à qui l'on a prescrit du Ritalin (méthylphénidate) a plus que doublé entre 1990 et 1995.

Le DEA (Drug Enforcement Administration) rapporte que les ordonnances de ce médicament ont augmenté de 600 % au cours des dix dernières années et que le Ritalin est si populaire que dans certaines écoles, 20 % des enfants sont traités avec ce produit. Selon le journaliste John Lang, ces jeunes appartiennent à ce qu'il qualifie de « génération Rx ». Il prédit que si ce courant se maintient, en l'an 2000, plus de huit millions d'enfants américains seront sous médication.

Une étude importante révèle que le Ritalin améliore le comportement de l'enfant à l'école mais pas à la maison. D'ailleurs, c'est une substance si insidieuse que l'armée américaine rejette tout candidat ayant pris du Ritalin après l'âge de douze ans. Il est maintenant évident que les médicaments ne sont pas la solution à ce problème.

En fait, ce phénomène trahit une résistance au changement. Nous sommes parvenus à une étape où nous devons quitter ce monde que nous avons connu, un monde de compétition, de jalousie et de cupidité, pour entrer dans l'ère de la compassion, de l'amour et de la conscience de notre unité. Les vieilles énergies font place aux nouvelles.

Il semble que tous les êtres, même ceux qui ne commencent qu'à s'intéresser aux choses spirituelles, se rendent compte de ces changements. Je le constate également dans ma pratique, car je reçois de plus en plus d'appels et de demandes de consultation de gens d'affaires qui cherchent à comprendre ce qui se passe et qui veulent trouver un sens véritable à leur vie. Il y a quelques années encore, ils n'auraient même pas songé à consulter ce genre de professionnel. Ayant constaté que le monde des affaires et les biens matériels ne leur garantissent pas le bonheur ou la sécurité, ils commencent à se tourner vers l'intérieur, en quête de réponses.

Pourtant, bien que nous accueillions et explorions ces changements, nous restons collectivement attachés aux vieux principes et nous résistons aux nouveaux paradigmes : nous jugeons les autres, nous sentons toujours le besoin d'être en compétition, nous croyons encore au manque de ressources et aux limitations. Notre honnêteté envers nous-mêmes et les autres laisse à désirer. Nous continuons de nous cacher derrière nos attitudes polies ou nos actions politiquement correctes.

Les enfants qui se sont incarnés depuis quelques années sont différents de ceux des générations précédentes. On les appelle avec raison « les enfants de la Lumière », « les enfants du nouveau millénaire » ou encore « les enfants indigo ». Ils sont éveillés, sensibles et doués de facultés extrasensorielles. Ils ne peuvent tolérer la malhonnêteté et le manque de sincérité ; quand vous leur mentez, ils le savent tout de suite.

Alors imaginez la difficulté qu'ont ces enfants à s'intégrer à l'école, qui leur demande quotidiennement de prétendre qu'ils y sont heureux, de ne pas remettre en question l'ennui de devoir y venir, jour après jour, pour apprendre des choses qui n'auront probablement pas d'application pratique dans leur vie.

À la maison, les adultes les traitent de façon malhonnête en leur cachant tout, de leurs véritables sentiments à leur dépendance à l'alcool. Pourtant, ces êtres très intuitifs sentent que quelque chose ne va pas, et lorsqu'ils posent des questions, ce n'est souvent que pour confirmer leur appréhension. Leur nier carrément la vérité peut les faire exploser de frustration parce qu'ils ne peuvent concilier la disparité entre la vérité qui jaillit de l'intérieur et les faussetés qu'ils voient chez les adultes.

Les enfants du troisième millénaire s'incarnent pour une raison très particulière, soit pour participer à une société où régneront l'honnêteté, la coopération et l'amour. Quand ils atteindront l'âge adulte à leur tour, notre société sera bien différente de ce qu'elle est aujourd'hui : il n'y aura alors ni violence ni compétition. Parce que nous saurons exprimer nos besoins, la compétition n'aura plus sa raison d'être. Puisque nous aurons ravivé nos facultés télépathiques, il nous sera impossible de mentir, et comme chacun constatera qu'il ne fait qu'un avec tous les êtres de la création, la prévenance deviendra la règle de la nouvelle société.

Nous nous exposons à une grande dette karmique si nous court-circuitons la mission divine de ces enfants spéciaux. Il est vital que nous les préparions à réussir cette importante tâche spirituelle. Pour y arriver, nous devons être honnêtes et répondre sincèrement à leurs demandes et à leurs questions, même si cela nous gêne de quelque manière. Je demande souvent d'être guidée et inspirée quand je m'adresse à mes propres enfants afin de leur transmettre la vérité dans l'amour. Si leur dire la vérité vous intimide, admettez-le simplement ; ils ne sont pas là pour vous servir de confidents, mais il est fondamental que vous partagiez vos sentiments avec eux. Vous deviendrez ainsi des modèles positifs et enseignerez à vos enfants à respecter leurs propres émotions.

Guérir spirituellement votre relation parent-enfant

Le message caché derrière la question des parents « Comment

vais-je régler la situation avec mon enfant ? » est en fait « Je veux que mon enfant change d'attitude ». Il trahit la croyance selon laquelle le but recherché est de se conformer aux désirs et aux règlements des parents.

Chaque fois que nous tentons d'amener quelqu'un à faire quelque chose, nous imposons notre volonté à cette personne. Cette tactique donne rarement de bons résultats ; au contraire, elle crée des guerres de pouvoir. C'est particulièrement vrai quand il s'agit d'êtres dont l'intuition est très développée. Les enfants indigo, comme les animaux, ressentent la peur qui sous-tend notre désir de contrôle. En réaction à nos tentatives de « gagner la partie », ils se rebellent parce que notre peur les effraie. Ils ont besoin de sentir en nous la paix et la sécurité, et quand nous les poussons, ils éprouvent de l'insécurité et de la peur.

Par conséquent, lorsque le comportement de votre enfant vous énerve, le premier pas à faire est de ne pas réagir immédiatement malgré la forte impulsion qui vous habite. Prenez plutôt cinq ou dix minutes de pause ; retirez-vous dans un endroit où vous pouvez être seul, fermez les yeux et respirez profondément. Demandez l'aide de Dieu, de vos anges ou des maîtres. Visualisez que vous remettez cette situation entre les mains du Saint-Esprit ; c'est un moyen efficace. J'aime souvent imaginer des anges tenant un énorme seau dans lequel je place tous mes soucis. Quand j'éprouve une sensation de paix, je sais que les solutions sont tout près. Cette méthode crée toujours de petits miracles.

Deuxièmement, gardez vos priorités en tête : vous avez choisi d'être un artisan de la Lumière au tournant de ce millénaire. Vous avez décidé d'être parent d'un enfant indigo. Ces missions sont votre priorité absolue, tout le reste passe au second plan. Lorsque de l'au-delà vous reverrez votre vie présente, vos véritables succès seront les moments d'amour que vous aurez témoignés à vos enfants. Vous n'aurez rien à faire de votre cuisine propre comme un sou neuf ou du bon rendement scolaire de vos rejetons. L'amour seul comptera.

Troisièmement, visualisez le genre de relation que vous aimeriez entretenir avec votre enfant. Depuis de nombreuses années, je suggère aux parents d'utiliser cette méthode et, je vous assure, elle donne d'excellents résultats. Une mère, entre autres, ne savait plus comment traiter sa fille, se plaignant constamment de son « mauvais comportement ». J'ai interrompu son discours et lui ai dit : « Vous affirmez que votre enfant a une foule de défauts. C'est ce que vous souhaitez vraiment ? »

Elle m'a regardée comme si j'étais folle et m'a répondu : « Bien sûr que non ! » Vous ne cessez de répéter que votre fille se comporte mal ; aussi longtemps que vous continuerez d'en faire une vérité, c'est ce qui se passera.

Cette femme avait un bon jugement et comprit immédiatement le sens de mes paroles : elle devait changer ses pensées. Je l'ai aidée à imaginer sa fille affectueuse, gentille, attentionnée et tout ce qu'elle souhaitait comme relation mère-fille. Elle s'attardait à chaque détail, se voyant aller au cinéma avec sa fille, par exemple. Au bout de quelques jours, elle m'informa que celle-ci se comportait exactement comme elle l'avait visualisé. La guérison a été instantanée et dure depuis plusieurs années.

Certains peuvent s'offusquer et penser : « N'est-ce pas une façon subtile d'imposer ma volonté à mon enfant ? » Je crois, en vérité, que cette méthode de visualisation résulte de l'intuition profonde que nous ne faisons tous qu'Un. Il n'y a pas les autres et nous ; il y a seulement l'illusion que nous sommes séparés des autres. La visualisation met en évidence cette vérité : les êtres sont des projections de nos pensées, de nos sentiments et de nos attentes.

D'ailleurs, n'agissez-vous pas différemment selon les personnes que vous côtoyez ? N'êtes-vous pas plus sympathique avec ceux qui vous aiment ? Votre humeur ne change-t-elle pas quand vous êtes en présence de personnes négatives ? Nos enfants réagissent de la même manière : quand nous les percevons gentils, heureux, parfaits et comme les enfants de Dieu, ils deviennent ce que nous projetons.

Modifier les fréquences des indigo

Dans les boutiques d'aliments naturels et les revues de médecines douces, on peut trouver des remèdes à base d'herbes et d'essences de fleurs pour traiter les problèmes d'attention et d'hyperactivité. Ces méthodes donnent certainement de très bons résultats. En fait, tout ce en quoi nous croyons fonctionne toujours. Cependant, je ne prône pas les traitements externes en général, bien que je reste convaincue que ceux et celles qui préconisent ces remèdes, ou l'aromathérapie par exemple, sont de bonne foi, je tiens à le préciser. En fait, mes croyances sont fondées sur la philosophie suivante : chaque état est une illusion, et si l'on diagnostique, étiquette ou traite cet état, on lui donne vie et on contribue à l'aggraver.

Il est important d'éviter la pensée ou la croyance que nos enfants sont « brisés » de quelque manière. Attention aussi au terme « enfant indigo » et évitons de cataloguer nos enfants comme des êtres spéciaux ou différents. Tous les enfants de Dieu sont identiques puisque nous sommes tous Un. Dans cette grande illusion de notre monde matériel où nous semblons des entités séparées, les enfants indigo ont leur mission à accomplir. Voilà la seule différence. Ce sont en fait des êtres du futur incarnés sur une planète encore ancrée dans le passé.

Alors considérons ces enfants avec les yeux de l'âme et, comme le dit si bien Kryeon [voir les livres précédents de Lee Carroll], rendons hommage à l'ange qui sommeille en eux, comme nous honorons celui qui habite en nous et dans les autres. Que cette pensée nous accompagne dans notre rôle de coparent avec notre Père céleste.

Mes conversations avec Dieu et avec les anges m'ont appris qu'il est vital de prendre soin de notre corps. Ce souci n'a rien à voir avec la vanité ou l'esthétisme, il est d'ordre spirituel. En effet, lorsque notre corps est harmonisé et bien nourri, il devient plus réceptif à l'aide divine. À ce sujet, de nombreuses écoles orientales ainsi que l'école pythagoricienne (berceau de la métaphysique moderne et de la guérison spirituelle) prônent l'importance spirituelle des régimes naturels pauvres en viande ou complètement végétariens.

Les aliments, comme toute chose ou tout être, émettent des fréquences vibratoires. Ainsi, les aliments à haute fréquence élèvent le taux vibratoire du corps, ce qui facilite l'accès au véritable soi. Plus vous élevez vos vibrations, plus votre intuition profonde captera les messages de Dieu, de vos guides ou de vos anges.

Les aliments frais et vivants tels que les légumes, les fruits et les produits à base de graines germées ont les fréquences vibratoires les plus élevées. Inversement, les aliments morts, gelés, séchés ou trop cuits sont ceux qui possèdent les taux les plus faibles. Le même phénomène s'applique aux aliments auxquels on ajoute du sucre, des colorants alimentaires, des agents de conservation ou des pesticides (qui portent l'énergie de la mort).

Adopter un régime majoritairement végétarien, exempt de produits chimiques, ce que les experts recommandent d'ailleurs dans les cas de déficit d'attention et d'hyperactivité, vous aideront, vous et votre enfant, à atteindre les fréquences spirituelles les plus élevées.

Les médias, que ce soit la télévision, la radio, Internet, le cinéma, les journaux ou les revues émettent également des ondes vibratoires. Ceux qui se nourrissent de négativisme, de peur ou de violence projettent les vibrations les plus basses. Par contre, ceux qui embrassent l'amour spirituel véritable s'élèvent au plus haut niveau. Essayez de maintenir les fréquences de votre foyer le plus haut possible en écourtant les bulletins de nouvelles et en évitant de laisser traîner les journaux et les revues à saveur négative partout dans la maison. Demandez l'aide d'en-haut pour assurer la protection de vos enfants ; vos prières seront d'ailleurs plus rapides et plus efficaces que tous les sermons et toutes les réprimandes.

Enfin, souvenez-vous du pouvoir du pardon : il peut produire des miracles dans tous les domaines de votre vie et surtout dans vos relations avec les autres. Comme il est dit dans *A Course in Miracles* : « N'oubliez pas aujourd'hui qu'il n'existe aucune souffrance derrière laquelle ne se cache une pensée de non-pardon comme il n'y a aucune douleur que le pardon ne peut guérir. »

J'ai observé que les tracas que vivent les parents avec les enfants indigo sont exacerbés lorsque les conjoints sont aux prises avec des difficultés conjugales ou des divorces compliqués. Voici ce que révèle une étude étalée sur dix-huit mois, menée par Patrick J. Kilcarr, Ph.D. et Patricia O. Quinn, M.D., et portant sur des familles vivant des problèmes reliés au déficit d'attention et à l'hyperactivité :

> Les deux facteurs les plus critiques et qui exercent le plus d'influence sont l'attitude du père envers son enfant et la confiance qu'il lui témoigne. Les mères savent d'instinct exprimer leur amour à leurs enfants et souvent, de façon inconditionnelle, particulièrement à ceux qui sont les plus dépendants. Par contre, les pères qui ne comprennent pas le phénomène du déficit d'attention et de l'hyperactivité et ses manifestations peuvent n'éprouver que de la déception et se replier sur eux-mêmes ou abandonner la partie.
>
> En entrevue, de nombreux pères ont admis qu'ils s'efforçaient de comprendre quels types de comportement avaient un lien avec le déficit d'attention et l'hyperactivité et quelles attitudes de l'enfant étaient carrément réfléchies et conscientes. Cette difficulté à saisir la nuance accroît souvent leur frustration, et ils deviennent presque obsédés par la conduite négative de leur rejeton. Cette situation risque d'emprisonner père et enfant dans un cycle d'interaction négative. Par contre, les pères réellement conscients des effets du déficit d'attention et de l'hyperactivité sur leur enfant réussissent en général à éviter cette attitude destructrice parce qu'ils portent surtout attention aux attitudes positives de l'enfant.

Évidemment, je ne veux pas jeter le blâme sur les pères de quelque façon que ce soit. D'ailleurs, lorsque la mère rejette la responsabilité d'un problème sur le père, cela ne fait qu'aggraver la situation. Il est extrêmement important que tous ceux et celles qui côtoient l'enfant se pardonnent d'abord à eux-mêmes, puis à l'autre parent, à l'enfant, aux enseignants, aux médecins et à tous les autres intervenants. Retenir l'énergie du pardon dans notre inconscient nous replonge dans les énergies du passé, celles que gouverne l'ego, là où règnent les problèmes et triomphe le chaos. Le pardon, en revanche, nous ramène au monde de l'amour et de l'Esprit où toute guérison s'accomplit dans l'harmonie. Il n'est pas nécessaire d'essayer de pardonner, il suffit de le vouloir pour que l'Esprit libère nos pensées de toutes les fausses illusions.

L'enfant indigo est un cadeau de la vie à cette planète, et si vous laissez l'Esprit vous guider dans votre rôle de parents, vous constaterez qu'il vous est fait un cadeau à vous et à votre enfant. Votre enfant est votre guide comme vous l'êtes pour lui. En échangeant de cœur à cœur, vous en retirerez de grands enseignements spirituels, et entre vous se tisseront des liens de confiance et d'intimité. Nous devons également nous rappeler que Dieu est à la fois le père et la mère véritables de l'enfant indigo. Lorsque nous nous tournons constamment vers lui pour qu'il nous guide dans notre rôle de co-parents, élever un enfant indigo prend alors un sens nouveau et devient une source de joie dans notre mission divine[5].

Évolution spirituelle

Des métaphysiciens nous révèlent que ces nouveaux enfants qui viennent sur terre sont beaucoup plus éveillés spirituellement que ceux des générations précédentes. Cela ne signifie pas, cependant, que tous les indigo deviendront des ministres du culte ou des grands prédicateurs, mais bien plutôt que leur conscience diffère de la nôtre.

Selon la plupart des sources spirituelles, non seulement l'arrivée de ces enfants était prévue, mais elle est la preuve de l'évolution de la conscience humaine et amène une énergie nouvelle. Ce sont des artisans de la paix, de vieilles âmes et ils représentent l'espoir suprême d'un monde meilleur. Ils veulent d'abord que règne la paix entre leurs parents. L'intérêt pour cette planète, l'amour et la grande sagesse qui se cachent en eux nous étonnent chaque jour davantage. Leur sens humanitaire est inné et se manifeste dès leur très jeune âge. Ils sont conscients de leur rôle sur terre et constituent une nouvelle étape révolutionnaire de l'humanité.

Nous voulons honorer ces artisans de la paix et mettre tout en œuvre pour leur permettre d'accomplir leur mission, celle d'élever la conscience planétaire au plus haut niveau.

Nombre d'historiens religieux et spirituels observent ce phénomène et croient qu'il amorce une modification des prophéties de notre planète. Il nous donne la possibilité d'un renouveau qui touche l'humanité entière et qui dépasse largement le changement de millénaire. Il annule même certaines des plus sombres prédictions annoncées par les anciennes écritures et nous rappelle avec insistance le pouvoir de l'humanité sur sa destinée, celui de changer le futur par l'élimination de la peur et de la haine. Leur présence nous apporte l'espoir que les prédictions apocalyptiques de l'an 2000 ne seront que des futilités.

Nous ne pouvons songer à plus agréable façon de passer au chapitre suivant qu'en vous présentant l'anecdote racontée par Laurie Joy Pinkham. Elle nous parle ici à titre de mère, mais elle détient aussi un diplôme universitaire en éducation de l'enfant de la New Hampshire University ainsi qu'un doctorat en théologie, étant ministre du culte.

Laurie partage avec nous ses expériences et ses conflits avec les enfants indigo. Elle nous parle aussi de spiritualité et revient sur la question du déficit d'attention et de l'hyperactivité. Pourquoi ces diagnostics médicaux reviennent-ils constamment dans ce livre ? Qu'ont-ils donc à voir avec les indigo ?

Laurie nous raconte son histoire. Gardez-la en mémoire tout au long de ce quatrième chapitre qui traite du Ritalin, du déficit d'attention et de méthodes innovatrices destinées aux indigo victimes d'erreurs de diagnostic.

MES CHERS INDIGO
par Dr Laurie Joy Pinkham, rév.

J'ai élevé deux enfants indigo, et mes trois petites-filles sont aussi des indigo. Mes fils sont nés dans les années 70, tandis que mes deux petites-filles sont venues au monde durant cette décennie. Élever ces enfants n'a pas été une tâche facile, et j'ai toujours su que mes deux fils étaient différents des autres enfants, et l'un par rapport à l'autre.

Marc, l'aîné, a toujours été très sensible et très détaché de la plupart des personnes. Tout bébé, il appréciait rester couché dans son berceau et parler aux petits animaux suspendus au mobile. Il n'aimait pas se faire prendre ou câliner et préférait la compagnie de ses guides invisibles et les limites de son berceau.

Ses aptitudes verbales se sont manifestées très tôt : à dix-huit mois déjà, il pouvait s'exprimer par des phrases complètes. À deux ans, c'était un as du Lego, et il aimait beaucoup la musique, en particulier celle de Mozart, de Chopin, de Beethoven et toutes les pièces baroques.

Scott, le cadet, était très attaché mais malheureux d'être ici-bas. Dès le moment où il a vu le jour, cet enfant a pleuré et pleuré sans arrêt jusqu'à l'âge de trois ans. Au cours de ses neuf premiers mois, il a très peu dormi. Je devais le porter sur moi une grande partie de la journée. Il semblait que seuls mon rythme cardiaque et la chaleur de mon corps parvenaient à l'apaiser et à le réconforter, et ce sentiment de sécurité lui permettait de dormir pendant de brèves périodes.

Ce qui m'apparut le plus difficile à cette époque est le fait qu'il n'existait pas de ressources pour les parents aux prises avec des enfants spéciaux. Je regardais les autres parents et me demandais pourquoi mes enfants étaient si différents des leurs. Comme nos enfants n'entraient pas dans les normes de l'époque, nous avions peu d'amis proches, et personne ne nous invitait. Nous nous sentions isolés.

J'ai toujours aimé les enfants et je savais depuis longtemps que j'en aurais au moins deux. Dans l'espoir de mieux les comprendre, j'ai fait des études universitaires en pédagogie de l'enfant et dans les années 80, j'ai mis sur pied une garderie. Cela m'a permis d'observer des enfants issus de milieux variés. Certains d'entre eux racontaient des histoires étranges à propos de leurs anges, de leurs guides et d'amis imaginaires. J'adorais les écouter, et la seule pensée qu'un jour ces enfants constitueraient la norme de notre société et que leurs histoires seraient entendues et comprises me réconfortait énormément.

Mes deux fils vivaient aussi des expériences hors du commun. Scott avait l'habitude de m'éveiller en pleine nuit pour aller observer les vaisseaux spatiaux. Je me levais, le suivais dehors et l'écoutais simplement me décrire ce qu'il voyait. Évidemment, je ne voyais rien, mais je savais que pour lui, c'était important. De toute façon, je n'aimais pas le savoir dehors, seul, au beau milieu de la nuit, à sept ans. Au cours de ces escapades nocturnes qui se poursuivirent pendant sept ans, nous échangions sur toutes sortes de sujets touchant la métaphysique.

De son côté, Marc m'appelait la nuit afin que j'aille voir l'astronaute qui lui rendait visite ou les soucoupes volantes. Encore une fois, je ne voyais rien, mais j'aurais bien aimé apercevoir quelque chose moi aussi. J'attendais patiemment dans l'espoir de partager enfin ce qu'il semblait voir si facilement. Quand je repense à cette époque, je me demande si c'était vraiment mes enfants qui me réveillaient.

En 1984, à la suite de nombreuses difficultés à l'école, Scott reçut un diagnostic de déficit d'attention et d'hyperactivité. Je ne connaissais strictement rien à ce problème et me suis mise à lire sur le sujet afin de comprendre ce qui se passait.

Au fil de mes lectures, j'ai constaté que Marc aussi avait ce problème, l'hyperactivité en moins. C'est alors que nous avons dû réviser toute notre démarche de parents pour faire en sorte que leur vie et la nôtre soient aussi paisibles que possible dans les circonstances. Ce ne fut pas une mince affaire puisqu'il n'existait aucune ressource à cette époque.

Nos enfants pratiquaient tous les sports habituels, ce qui nous permettait d'être ensemble tout en leur donnant un sentiment d'appartenance, car ils ont été exclus des groupes la plus grande partie de leur enfance, ne connaissant que les bagarres et la confrontation comme mode de fonctionnement. Ni l'un ni l'autre ne comprenait ce qui se passait, et tous deux déploraient le manque de compréhension des autres enfants.

Nous avons essayé plusieurs médicaments, mais ils n'étaient efficaces que pendant un certain temps. Le Ritalin et la Dexadrine étaient les deux médicaments prescrits à ce moment-là. Il n'y avait pas de médecin homéopathe dans notre région et, en 1983, les médecines douces n'étaient pas encore très répandues ou accessibles.

Nous avons consulté plusieurs spécialistes, cherchant des solutions pour aider nos deux fils, mais nous nous sommes souvent heurtés à des murs, et les mesures très restrictives et contrôlantes que l'on nous conseillait ne nous convenaient pas et provoquaient de la haine dans notre famille chaque fois que nous les mettions en pratique, sans compter qu'elles ne faisaient qu'aggraver les problèmes de comportement.

J'ai découvert que si nous voulions vraiment les aider, il fallait d'abord accepter le fait qu'ils étaient différents des autres enfants. Ils allaient en réalité ouvrir la voie à de nombreux autres jeunes touchés par les mêmes problèmes. J'ai collaboré à la mise sur pied d'un groupe de soutien pour les parents dont les enfants vivaient une situation semblable, ce qui amena plus tard la fondation du New Hampshire Chapter of Children with Attention Deficit Disorder (Ch.A.D.D.)[65]. Ce fut très réconfortant car nous, parents, pouvions enfin partager nos frustrations et essayer de trouver des solutions à nos problèmes.

La période de l'adolescence fut particulièrement éprouvante et il devint encore plus difficile de les aider. Les comportements habituels des adolescents jumelés au diagnostic médical et à leurs problèmes d'apprentissage ont commencé à nous miner petit à petit. L'école ne connaissait que l'approche punitive ; nous ne pouvions donc pas compter sur son appui. Les divers intervenants ne comprenaient pas ces « girouettes » et se limitaient à maîtriser leur comportement.

À quinze ans, Marc voulut aller vivre avec un copain et nous avons décidé de faire un essai. Les choses n'allaient pas bien à la maison et nous espérions que la séparation serait une solution, mais la situation ne fit que s'envenimer.

La conduite de Marc le conduisit dans un foyer de groupe, mais malheureusement, ce ne fut pas positif. Il y avait été placé à cause de son comportement impulsif et de son besoin d'être comme tout le monde. Il ne parvenait pas à voir les conséquences de ses actions ; il ne saisissait vraiment pas les liens de cause à effet. Chaque fois qu'il avait fait un mauvais coup, il était étonné de constater qu'il n'avait pas su prévoir les conséquences de ses gestes. La première série d'incidents commença par un vol à l'étalage : il venait de dérober le livre *The Book of Runes* ; quelques semaines plus tard, relevant un défi, il vola la voiture du père d'un ami.

Lorsqu'il est sorti du foyer de groupe, il a connu des récidives pendant quelques années, toujours incapable de mesurer l'impact de ses actions. Il est alors devenu triste et endurci. Comme parent, je le regardais, impuissante, ne sachant comment l'aider à s'en sortir. Je savais que son être profond était merveilleux, mais gérer les problèmes de comportement d'un garçon dont le système hormonal était déséquilibré dépassait ma compétence.

Scott, le plus jeune, était difficile également. Il excellait dans les sports, surtout au hockey, mais il réussissait aussi bien en musique, en arts et en écriture, où il était doué pour la fiction. Les autres matières lui créaient cependant beaucoup de problèmes. Son comportement social était toujours teinté de compétition ; il devait gagner à tout prix, toujours gagner, que ce soit dans les jeux de société ou dans les discussions.

Au solstice d'hiver de 1991, j'ai rendu visite à Marc, qui partageait un appartement avec des amis, et lui ai apporté quelques victuailles parce que j'avais remarqué, lors de ma dernière visite, que le frigo ne contenait que des hot dogs, de la saucisse et de la bière. En entrant, j'ai été surprise de trouver une statue du Christ dominant l'escalier. Je reconnus la statue de l'église située à quelques rues de là.

Puisque les deux garçons étaient impliqués dans ce vol, je leur accordais quarante-huit heures pour rapporter le Christ à l'église, sans quoi j'appellerais le service de police. Les deux jours suivants, j'ai téléphoné au curé pour savoir si les garçons avaient ramené la statue. Rien.

Comme prévu, le troisième jour, j'ai alerté les policiers et leur ai indiqué où se trouvait la pièce volée. Un policier pénétra dans l'appartement de Marc, reprit la statue et arrêta mon fils. Comme il était majeur, Marc risquait de passer un an à la prison régionale.

Avec le recul, je comprends que les choses devaient se passer ainsi. Marc a été libéré sous caution en attendant son procès. Comme il ne s'y présenta pas, il fut arrêté de nouveau le 11 janvier 1992. C'était le 11:11, une date importante sur le plan métaphysique, car elle signifie l'activation d'une énergie spirituelle.

Cinq mois plus tard, la culpabilité eut raison de Scott, qui avoua le vol de la statue du Christ ; c'est lui qui l'avait apportée chez Marc. Il se rendit au poste de police et confessa son délit. Il fut placé dans un foyer pour jeunes où il passa 90 jours.

C'est à cette époque que notre mariage s'est terminé. Comme parents, nous nous sentions démunis face aux problèmes de nos fils. C'est maintenant que je constate qu'en fait, ces événements marquaient un tournant important dans ma vie. Tout a commencé à changer dès le moment où je suis devenue maître Reiki, en 1988 : la dénonciation de mon fils, ma séparation, l'arrivée de la police au moment de la célébration du 11:11 et mon éveil spirituel. Aujourd'hui, je comprends que Marc et moi avions un contrat ensemble dans cette vie ; nous en parlons ouvertement et nous en rions même. Nous avons cicatrisé cette étape difficile de nos vies et nous savons qu'il aurait pu en être autrement, mais c'est ce que nous avions alors choisi de vivre.

En 1997, Marc s'est de nouveau retrouvé en prison. Cette fois, c'était pour divers motifs : viol du code de la route, excès de vitesse, contraventions impayées ; de plus, il avait quitté la scène d'un accident. Durant sa détention, mes guides m'ont demandé de ne pas lui rendre visite afin de lui permettre de comprendre les conséquences de sa conduite et parce que ce temps de réclusion était pour lui une période d'apprentissage et d'éveil spirituel.

Six mois avant sa sortie de prison, mes guides me suggérèrent de lui envoyer des livres. Je lui ai d'abord fait parvenir tous ceux de Lee Carroll et les tomes de *Conversations avec Dieu* [Neale Donald Walsch, Éd. Ariane]. Il les lut avec beaucoup d'intérêt, commença à les faire circuler parmi les autres détenus et ensemble, ils en discutèrent. Ils me semblait qu'enfin la boucle se bouclait et que nos âmes se retrouvaient depuis l'époque où nous parlions d'astronautes, de guides et d'anges jusqu'à son éveil en prison. Maintenant, c'était à son tour de contribuer à l'éveil des détenus.

Aujourd'hui libéré, Marc est animateur de Reiki. Il élève ses deux filles, Kathryn et Emma, et considère la vie sous un autre angle. Il doit encore faire face aux différentes facettes de sa personnalité, mais il s'ouvre de plus en plus à une compréhension nouvelle de sa véritable nature. Je suis persuadée que ce précoce indigo est sur terre pour aider les autres et pour élever deux petites filles qui ont aussi un rôle important à jouer.

Quant à Scott, il travaille dans le domaine médical et a une petite fille, Kayley, que j'appelle Kibit. Quand elle est née, je l'ai senti, et bien que je demeurais quelques États plus loin, je suis revenue à toute vitesse pour arriver à temps. Ce ne fut donc pas une surprise quand j'ai entendu le message en rentrant à la maison : c'était Scott qui me téléphonait de l'hôpital : il venait d'assister à la naissance de Kayley Isabel.

Cette enfant m'a « parlé » déjà quelques minutes après sa naissance. Elle était en grande détresse et on devait la transporter d'urgence en avion à un centre médical plus important. Je l'ai prise dans mes bras et lui ai dit que si elle voulait retourner d'où elle venait, nous étions d'accord. C'est à ce moment qu'elle m'annonça, par son regard, qu'elle était là pour me voir et qu'il se passerait quatre mois avant que nous puissions nous revoir.

Mon fils et moi avons eu un différend, et il s'écoula effectivement quatre mois avant que je puisse prendre de nouveau ma petite-fille dans mes bras. Scott commença à me raconter comment il sentait que sa fille lisait ses pensées et qu'elle le fixait constamment. Les aptitudes verbales et l'indépendance de Kibit se manifestèrent très tôt : à quatorze mois, elle faisait déjà des phrases complètes. Elle savait d'où elle venait et me le rappelait souvent. Elle s'assoyait dans son petit lit, nous fixait et nous « parlait » sans ouvrir la bouche.

Scott me parle souvent de Kayley parce qu'il sait qu'elle aussi est différente.

Quand mes fils étaient jeunes, nous, parents, n'avions aucun point de référence pour nous guider dans l'éducation de ces enfants hors du commun, parfois incompris et souvent très doués jusqu'à ce que l'on commence à entendre parler des enfants indigo. Regarder les petits êtres merveilleux de cette nouvelle génération m'émerveille. Ils savent ce qu'ils veulent et qui ils sont ; ils nous interrogent sur leur identité et en parler ne les intimide pas du tout. Ils racontent ce qu'ils ont été autrefois et qui nous étions. Ma petite-fille m'en fait part maintenant. Elle me parle de ses anges et de ses guides et des messages qu'ils lui communiquent. Scott est toujours à l'écoute de sa fille et il comprend aujourd'hui pourquoi son enfance et son adolescence ont été si difficiles.

Par ailleurs, Emma, la fille de Marc, est encore très jeune, mais elle agit déjà comme une petite indigo. Elle parle et démontre d'excellentes aptitudes motrices. Son corps est long et flexible, et ses yeux toujours pétillants. De ses petits doigts, elle pointe des objets invisibles à mes yeux, mais je sais qu'elle me parle des êtres qui m'entourent, c'est-à-dire mes guides et mes anges. Elle leur sourit, leur parle, puis elle me regarde droit dans les yeux et, en silence, me rappelle qui je suis.

L'autre fille de Marc, Kathryn Elizabeth, parle de son copain l'ange. Elle sourit, puis tend le bras, comme s'ils marchaient tous deux main dans la main, et se dirige vers son parc de sable pour y creuser des tunnels, faire des gâteaux et parler des jours à venir.

Savoir que mes enfants sont de véritables cadeaux des cieux m'a aidée. Au fil des années, nous avons signé des contrats ensemble, et je considère aussi mes petites-filles comme une bénédiction. J'adore mes fils et je leur répète sans cesse qu'ils sont incroyablement spéciaux à mes yeux. Je remercie la vie de nous avoir permis de vivre ces moments difficiles qui nous ont rapprochés. Je sais que mes enfants ont guidé d'autres personnes. Ils ont de plus réveillé mon âme en cours de route et m'ont donné des petites-filles qui savent exactement qui elles sont.

D'autres anecdotes

Marlyn avait à peine trois ans ce soir-là où nous priions ensemble à haute voix : « Maintenant, je vais me reposer pour la nuit... » Quand ce fut terminé, elle voulut savoir quelle prière j'avais l'habitude de faire et me demanda de la lui réciter. J'avais à peine commencé le Notre Père qu'elle se mit à le réciter avec moi. Je sais qu'elle ne pouvait l'avoir appris dans son milieu présent ; c'est pour cela que je lui demandai pourquoi elle le savait si bien. Elle me répondit le plus simplement du monde qu'elle avait l'habitude de le dire « tous les jours ». Je l'ai donc félicitée de l'avoir si bien gardé en mémoire.

Nous avions de longues conversations à propos de ces mémoires d'ailleurs qui étaient parfois si présentes et de l'importance de les respecter. Dans mon entourage, ce genre de conversation n'était pas rare, et j'en étais arrivée à croire qu'elles étaient normales, n'ayant ni frère ni sœur ; de plus, j'avais peu d'expérience auprès de jeunes enfants. Ce sont des amis qui m'ont ramenée à la réalité et m'ont fait comprendre que c'était plutôt exceptionnel d'avoir ce genre de discours avec de si jeunes enfants.

À une autre occasion, Marlyn était assise dans son siège à l'arrière de la voiture, alors qu'une amie avait pris place sur le siège avant. Nous parlions de certains détails ésotériques qui ornaient une église que nous fréquentions et des critiques que lui attribuait le pasteur de ce temple, bien que le symbolisme y était respecté. Marlyn intervint à cet instant, nous suggérant de tenter de nous respecter les uns les autres, et « la vérité » tout autant (faisant de toute évidence allusion au pasteur de qui nous parlions). Comme mon amie était atterrée par ses commentaires, je lui expliquai que puisque Marlyn était une vieille âme, il était tout à fait normal qu'elle identifie ce besoin.

Terry Smith, mère de Marlyn, maintenant âgée de douze ans

Ma fille de quinze ans, Stéphanie, et moi vivons dans une petite communauté religieuse de tradition hollandaise. Un jour que nous échangions sur ce que les jeunes pensent du ciel, ma fille me dit : « Le ciel, c'est un autre mot pour décrire ce qui vient après, mais cette définition est encore très limitative. »

À propos du ciel, elle ajouta : « Dieu ne cesse jamais de créer, l'univers change constamment. Il crée des êtres et des choses afin qu'ils apprennent à l'aimer. »

Au sujet de la prédestination, elle ajouta : « Dieu ne sait pas ce que nous allons faire. Il nous a créés avec son amour et sa connaissance. Vous devez faire ce que vous pensez être bon pour vous. Vous avez un destin, mais le voulez-vous ?

« Si vous blessez quelqu'un, Dieu ne l'avait pas prévu, c'est votre choix. Dieu eut une pensée : il créa l'humanité et l'humanité tenta de comprendre cette pensée. Je suis maintenant la pensée et je suis maintenant humaine. Je suis à la fois une partie de Dieu et de la création. Je suis le créateur et la création. »

Laurie Werner, mère de Stef, quinze ans

À notre enfant indigo

Quand je t'observe, je reste accroché à ton regard.
Tant de sagesse, si vive et si éveillée.

J'ai l'impression de te connaître, je t'ai rencontrée jadis
D'où viens-tu petite fille ? Je veux tout savoir de toi.

Te souviens-tu d'un lieu, là-bas, très loin
Qui porte un nom différent et abrite un autre paysage ?

Ne t'attriste pas si nous ne comprenons pas
Le message que tu nous apportes de ce lointain pays.

Nous savons qui tu es ; nous savons pourquoi tu es ici.
Ne crains rien, nous serons toujours là pour toi.

Notre famille est unie, dans son cœur et dans son âme.
Nous te comprenons et tous les autres enfants comme toi.

Nous t'offrons notre amour et tu nous unis.
Tu touches notre cœur avec la délicatesse de la plume.

Pourquoi as-tu choisi d'être notre petite fille ?
Quel message apportes-tu à notre monde ?

Ton âme est si douce, si calme, si paisible.
Ton âme est spéciale, petite fille indigo.

Écrit par Mark Denny, pour sa fille, Savannah, deux ans

Chapitre quatre

À propos de santé

Le présent chapitre ne porte pas spécifiquement sur le problème du déficit d'attention avec ou sans hyperactivité. Il existe déjà beaucoup de littérature sur ce sujet et nous n'avons pas la prétention d'être des experts en la matière. Cependant, parce que le Ritalin est si couramment utilisé pour traiter des enfants qui ne sont peut-être que des indigo, nous voulons vous fournir les données les plus récentes sur ce médicament.

Si vous y cherchez aussi des solutions autres que la médication, vous pourriez bien les y trouver. Nous dédions ce chapitre à toutes ces victimes de faux diagnostics, qui n'ont de particulier que d'être les enfants du troisième millénaire. L'expérience a démontré que dans de nombreux cas, ce qui donne de bons résultats quant aux problèmes de déficit d'attention fonctionne bien aussi auprès des indigo, notamment en ce qui a trait à la nutrition et au comportement.

D'abord un rappel de quelques notions mentionnées précédemment :

1. le déficit d'attention ne se retrouve pas chez tous les enfants indigo ;
2. les enfants atteints de déficit d'attention ne sont pas tous indigo.

Avant de vous présenter ces autres solutions, nous tenons à rendre hommage à toutes les personnes clés qui poursuivent leurs recherches sur les problèmes reliés au déficit d'attention et à l'hyperactivité et qui, par leurs écrits, collaborent au mieux-être de cette planète. Elles sont nombreuses et, bien sûr, la liste que nous vous présentons n'est pas exhaustive ; nous avons choisi les titres les plus populaires qui ont aidé des millions de parents. Il est possible qu'après la publication de ce livre, la liste des références s'allonge. Si vous voulez obtenir ces titres, veuillez consulter notre site Internet (www.indigochild.com).

Voici donc quelques suggestions de livres portant sur le déficit d'attention avec ou sans hyperactivité.

Driven to Distraction, par Edward Hallowell, M.D.[58].
De l'avis de nombreuses personnes, ce livre est la meilleure référence médicale sur le déficit d'attention.

Helping Your Hyperactive ADD Child, par John F. Taylor[59].
Un autre excellent ouvrage considéré comme l'un des plus complets sur le sujet.

Raising Your Spirited Child, par Mary Sheedy Kurcinka[60].
Ce livre propose différentes façons d'aborder certaines caractéristiques du point de vue parental.

The A.D.D. Book, par William Sears, M.D. et Lynda Thompson, Ph.D.[61].
Ce livre, écrit par un pédiatre et une psychologue pour enfants, fait un bref compte rendu d'une approche sans médication pour traiter les enfants ayant un déficit d'attention.

Running on Ritalin, par Laurence Diller[62].
À lire absolument si votre enfant prend du Ritalin.

No More Ritalin: Treating ADHD Without Drugs, par Mary Ann Block[63].
Ce livre aborde le sujet de ce chapitre.

Ritalin: Its Use and Abuse, par Eileen Beal[64].
Ce livre sortira sous peu en français.

Des organismes viennent en aide aux parents dont les enfants sont aux prises avec un déficit d'attention. En ce moment, le plus en vue est le Ch.A.D.D.[65] (Children with Attention Deficit Disorder). Vous pouvez facilement le rejoindre et obtenir de l'information où que vous soyez aux États-Unis. C'est une véritable source de références récentes et pertinentes. Leur site Internet peut également vous fournir des renseignements utiles.

Il y a aussi un autre organisme, le Network of Hope[66]. C'est un organisme à but non lucratif ; il est situé en Floride et il a été créé par des personnes que la question préoccupe et intéresse. Si vous visitez leur site Internet, vous lirez le message suivant : « Nous partageons tous la conviction que nos enfants constituent notre plus précieuse ressource. Nous sommes un groupe d'Américains et d'Américaines qui cherchent à rejoindre d'autres personnes et familles branchées sur l'amour avec qui partager cet espoir. » Sur ce site, on trouve également des renseignements et des conseils nutritionnels.

Guérir ou engourdir le symptôme

Jusqu'ici, vous avez entendu des parents qui ne savent plus comment aborder leurs enfants, atteints, semble-t-il, de déficit d'attention, mais qui, en réalité, ne le sont pas. Certains d'entre eux ont reçu ce diagnostic et suivent la médication conventionnelle. Comme nous l'avons mentionné précédemment, ce traitement semble donner des résultats, mais en réalité, aide-t-il les parents ou les enfants ? Bien sûr, certains enfants deviennent calmes et adoptent une attitude apparemment « normale », mais on est en droit de se demander si ce n'est pas parce que leur conscience évoluée a été engourdie.

Ce quatrième chapitre s'adresse donc à ceux et celles qui se demandent si leur enfant a vraiment un problème de déficit d'attention ou s'il ne fait pas partie de ces enfants nouveaux. Nous retrouverons donc Doreen Virtue, Ph.D., qui traitera du diagnostic du déficit d'attention et des indigo. Puis, nous vous ferons part de certaines méthodes de traitement non traditionnelles, compilées au fil de nos rencontres, et qui aideront ces enfants spéciaux à mieux s'intégrer à leur entourage.

LE CONFORMISME EST-IL SALUTAIRE ?
par Doreen Virtue, Ph.D.

On croit souvent que les enfants indigo souffrent d'un déficit d'attention et d'hyperactivité parce qu'ils refusent de se soumettre aux normes établies. Quand on revoit un certain film mettant en vedette Clint Eastwood, on admire sa nature rebelle, mais quand on retrouve une attitude semblable chez nos enfants, on leur prescrit des médicaments.

La thérapeute Russell Barkley, auteure de *Hyperactive Children: A Handbook for Diagnosis and Treatment*[67], écrit : « Bien que l'inattention, l'agitation et une faible maîtrise des impulsions soient les symptômes généralement considérés comme les plus importants chez les hyperactifs, mon travail auprès de ces enfants m'amène à croire que le non-conformisme est également une question importante. »

J'ai travaillé en psychiatrie pendant de nombreuses années, notamment comme interne auprès d'un psychiatre bien connu. Tous les jours, sa salle d'attente était remplie de dizaines de personnes attendant patiemment un médecin qui avait toujours au moins une heure de retard à son horaire. Chaque consultation durait tout au plus dix minutes au cours desquelles, bien assis dans son fauteuil, ce médecin notait ce que ses patients lui racontaient. À la fin de la consultation, il leur rédigeait une ordonnance.

J'avoue qu'au début je le jugeais mal parce qu'il prescrivait des médicaments au lieu de favoriser une thérapie verbale. Plus tard, j'ai compris qu'il faisait tout simplement ce que font les médecins. Si vous donnez un marteau à quelqu'un, logiquement, il martèlera les objets. Si vous consultez un médecin, il vous prescrira invariablement un médicament pour solutionner votre problème. Voltaire a exprimé les choses ainsi dans *Épigrammes* : « Un médecin, c'est quelqu'un qui verse des drogues qu'il connaît peu dans un corps qu'il connaît moins. » En d'autres mots, les gens sont ce qu'ils sont. Il n'est donc pas surprenant que les éducateurs réfèrent les enfants en pédopsychiatrie ou en médecine familiale lorsqu'ils refusent de se conformer aux règlements établis. Là, on leur recommande de prendre du Ritalin.

Cependant, il faut dire en toute honnêteté que certains psychiatres condamnent publiquement le Ritalin. « Le Ritalin ne soigne pas les déséquilibres biochimiques, il les cause », révèle Dr Peter R. Breggin, M.D., directeur du International Center for the Study of Psychiatry and Psychology et directeur adjoint au John Hopkins University Department of Counseling[68]. Il affirme ceci :

> Le diagnostic de déficit d'attention avec hyperactivité ne fait pas l'unanimité et ne repose pas sur des fondements scientifiques ou médicaux. J'appuie les parents, les enseignants ou les médecins qui le rejettent et refusent de l'attribuer aux enfants.
>
> Il n'existe aucune preuve d'anomalie physique dans le corps ou le cerveau de ces enfants qu'on étiquette de la sorte si facilement. Aucune donnée ne fait état de déséquilibres biochimiques ou de « mauvaises connexions ».

Dr Breggin ajoute qu'il existe au contraire des preuves que le Ritalin peut causer des dommages permanents au cerveau et à son fonctionnement ; il réduit notamment l'afflux sanguin et nuit considérablement à son développement. Il ajoute encore :

> Ce ne sont pas les enfants qui ont des problèmes, mais le monde dans lequel ils vivent... Quand les adultes leur assurent un meilleur environnement, leur attitude et leur comportement s'améliorent grandement. Par contre, il arrive que les enfants et les adolescents deviennent si bouleversés, confus ou auto-

destructeurs qu'ils retournent cette douleur contre eux et se rebellent. Nous ne devrions jamais leur laisser croire qu'ils sont malades ou anormaux puisque la cause première de leurs conflits se situe dans la famille, à l'école et dans la société.

Il est important de guider les enfants et de leur apprendre à répondre de leur conduite. Cependant, il ne sert à rien de leur faire porter le blâme du stress et des traumatismes de leur environnement. Les diagnostics humiliants et les médicaments qui les endorment ne leur rendent pas service ; ces enfants ont plutôt besoin qu'on les aide à devenir maîtres d'eux-mêmes. On observe que lorsque les adultes leur témoignent intérêt et attention, leur développement s'effectue normalement.

Des options pour les indigo

Notre devoir premier à tous est de prendre soin de nous-mêmes et de nos enfants et de nous préparer, comme la chenille, à prendre notre envol vers un nouveau paradigme. Au lieu de droguer nos enfants ou de les forcer à se conformer aux vieux principes périmés, utilisons d'autres options qui favoriseront l'harmonie dans tous les foyers.

Mary Ann Block, D.O., auteure du livre *No More Ritalin: Treating ADHD Without Drugs*[63], traite les enfants chez qui on a diagnostiqué un déficit d'attention avec hyperactivité en tenant compte de leur fonctionnement cérébral unique. Elle a en effet observé que ces enfants sont surtout des cerveaux droits, c'est-à-dire qu'ils ont tendance à être visuels, créatifs et sont attirés par les activités artistiques, physiques et spatiales. Puisque le système scolaire favorise essentiellement le développement du cerveau gauche, on comprend pourquoi ces enfants ne peuvent bien évoluer à l'école.

Selon elle : « Ces enfants apprennent plus facilement quand ils utilisent leurs mains. L'apprentissage conventionnel ne leur pose pas de problème au cours des premières années du primaire parce qu'ils sont intelligents et peuvent compenser autrement. Par contre, les choses se compliquent vers la quatrième ou la cinquième année lorsqu'ils doivent suivre les explications verbales et les consignes écrites. L'enseignant s'attend à ce qu'ils prennent des notes et qu'ils fassent leurs devoirs correctement mais ces enfants n'arrivent pas à travailler dans ce type de structure. » Elle ajoute :

> Bien qu'il reçoive l'information, leur cerveau ne traite pas les données aussi bien lorsqu'elles sont visuelles et auditives. Ces jeunes veulent bien apprendre mais comme ils sont kinesthésiques, ils sentent le besoin de manipuler un crayon, de dessiner, de pianoter sur leur table de travail ou de toucher le copain de devant ou d'à côté. Ces comportements leur valent des réprimandes, alors qu'ils essaient tout simplement d'apprendre par la meilleure méthode qu'ils connaissent, c'est-à-dire par le toucher.

Lorsque Mary Ann Block affirme que ces enfants sont kinesthésiques et sensitifs, elle veut dire qu'ils sont « clairsensitifs », c'est-à-dire qu'ils reçoivent et envoient les données à travers leurs perceptions physiques et leurs émotions. On appelle souvent cette forme de communication psychique *intuition* ou *télépathie*. Je crois que lorsque nous serons entrés dans le nouveau paradigme, nous recouvrerons cette aptitude innée. Alors, pourquoi punirions-nous les indigo qui possèdent déjà un don que nous aurions tous intérêt à retrouver ? Dr Block ajoute :

> Parce que ces kinesthésiques éprouvent plus de difficulté à assimiler les données audiovisuelles, ils ont souvent besoin de stimuli tactiles pour soutenir les autres sens. Par conséquent, ils peuvent chercher à manipuler un objet ; c'est pourquoi nous leur donnons une petite balle molle et douce qu'ils peuvent presser dans leurs mains. À l'école et à la maison, leur permettre de tenir une balle ou un autre objet dans une main pendant qu'ils écoutent, lisent ou écrivent stimulerait leur apprentissage visuel et auditif, d'une part, et réduirait leur comportement inacceptable et l'hyperactivité en classe, d'autre part.

Par ailleurs, il est possible que l'enfant ne vous entende pas lorsque vous l'appelez ou lui parlez. Donc, avant de lui donner des consignes verbales, prononcez son nom pour attirer son attention. Si vous êtes près de lui, touchez gentiment son bras ou son épaule afin de l'aider à recevoir l'information, puis transmettez-lui les directives verbalement.

Que faire ?

En résumé, un enfant peut être indigo, avoir un déficit d'attention ou présenter les deux caractéristiques à la fois. Quel que soit le verdict, vous devez faire face à une situation très particulière, vingt-quatre heures par jour. Que pouvez-vous y faire ? Vous asseoir et ronger votre frein ne vous avancera aucunement et n'aidera pas votre enfant non plus. Vous êtes probablement passé à l'action ou peut-être avez-vous commencé à faire traiter votre enfant, à lire tout ce que vous trouvez sur le sujet, à rencontrer d'autres parents aux prises avec les mêmes problèmes ou à faire la tournée des médecins. Voilà une attitude tout à fait normale quand on se préoccupe du bien-être de son enfant. Nous voulons ici attirer votre attention sur d'autres types de démarches, vous encourager et vous donner espoir.

Mais avant tout, il est important que vous sachiez qu'aucun des auteurs ou des collaborateurs n'essaie de vous culpabiliser parce que vous avez choisi la médication. Nous ne posons pas de jugement sur les choix que vous avez faits ou ferez. Notre intention est de vous donner des renseignements importants sur le Ritalin et de vous proposer d'autres types de traitements. Nous souhaitons aussi que vous envisagiez la possibilité que votre enfant n'ait pas de déficit d'attention. Si l'information que vous avez lue précédemment correspond à l'attitude de votre enfant, alors vous voudrez peut-être savoir comment d'autres parents gèrent cette situation.

Ce chapitre contient de nombreux rapports et témoignages de thérapeutes, d'éducateurs et de médecins dont les enfants ou les petits patients avaient des symptômes de déficit d'attention avec ou sans hyperactivité, que l'on retrouve aussi chez beaucoup d'indigo. Les méthodes que nous vous proposons ne sont pas encore toutes acceptées, mais nous savons que les traitements révolutionnaires ont souvent été d'abord rejetés. Il suffit de se rappeler, par exemple, le traitement des ulcères gastriques dont on attribuait la cause à une bactérie. Au début, le monde médical s'est bien moqué de cette prétention jusqu'à ce que le médecin qui avait identifié cette bactérie mette sa vie en péril pour prouver la justesse de sa découverte. Les méthodes que nous proposons ici subiront peut-être le même sort. L'histoire le dira.

Nous voulons vous présenter des faits et des rapports ayant trait au Ritalin. Certains renseignements sont récents, d'autres moins, mais tous sont importants. Dernièrement, le magazine *Time* consacrait une partie importante au Ritalin. En voici un extrait :

> Le nombre d'ordonnances de Ritalin a augmenté à un tel point qu'il provoque de vives réactions un peu partout. Certains parents, inquiets de l'avenir de leur enfant, exigent ce médicament et si leur médecin le leur refuse, ils se tournent vers un autre jusqu'à ce qu'ils aient gain de cause. D'autres parents, en revanche, se sentent obligés de traiter leur enfant au moyen de médicaments de façon qu'il adopte un comportement conforme aux normes même s'ils peuvent gérer assez bien ses bizarreries, ses crises de colère et autres attitudes.
>
> Au cours des huit dernières années, la production de Ritalin a augmenté de 700 % [proportion similaire au Canada] et les États-Unis en consomment à eux seuls plus de 90 %. Ces chiffres indiquent clairement que les commissions scolaires, les compagnies d'assurances et les familles aux prises avec un stress énorme se tournent vers les médicaments chimiques dans l'espoir de trouver des solutions rapides à des problèmes complexes qui requièrent des changements plus profonds, tels que la réduction du nombre d'élèves par classe, la psychothérapie, la thérapie familiale et des modifications importantes sur le plan de l'environnement.
>
> Même certains médecins qui constatent les effets positifs

et parfois extraordinaires du Ritalin sont d'avis que les médicaments ne remplaceront jamais les écoles favorisant la créativité et le développement global des élèves et les parents consacrant plus de temps à leurs enfants. Comme les bienfaits du médicament s'estompent rapidement, il est plus utile d'apprendre à l'enfant à gérer son problème et à être maître de ses comportements.

Les chiffres sont éloquents : le pourcentage d'enfants à qui on attribue un diagnostic de déficit d'attention ou d'hyperactivité, ou les deux à la fois, et à qui l'on prescrit un médicament est passé de 55 % en 1989 à 75 % en 1996[1].

La science et la médecine commencent à tirer la sonnette d'alarme. Par ailleurs, on se tourne davantage vers le bon sens et d'autres solutions pour aider ces enfants. On s'interroge de plus en plus sur les fondements de ce médicament. Comment le Ritalin fonctionne-t-il *réellement* ? N'aimeriez-vous pas en savoir autant que votre médecin ? Y a-t-il des effets secondaires ? Qu'en disent les experts ?

Voici ce qu'écrivait J. Zink, Ph.D., thérapeute californien et auteur de plusieurs livres sur l'éducation des enfants, dans le même numéro du *Time* : « On ne peut le nier, le Ritalin marche bien, mais on est en droit de se demander pourquoi il fonctionne et quelles en sont les conséquences à long terme. La réponse est simple : nous n'en savons rien[1] ».

L'extrait suivant, tiré du livre de Robert Mendelsohn, M.D., paru en 1984 et intitulé *How to Raise a Healthy Child... in Spite of Your Doctor*[69] [Comment élever votre enfant... en dépit de votre médecin (NDT)], reflète les mêmes opinions.

Personne n'a pu démontrer que des médicaments comme le Ritalin et le Cylert améliorent le rendement scolaire des enfants. Leur effet principal est de permettre une gestion à court terme de l'hyperactivité. En fait, on drogue les enfants pour faciliter la vie des enseignants et non pour améliorer le comportement et le rendement scolaires des élèves en classe. Si votre enfant est une victime du système, les médicaments sont un prix très élevé à payer pour améliorer la condition... de ses professeurs.

Voici maintenant un extrait d'une réunion du National Institute of Health tenue en 1998, paru dans le même numéro du *Time.* Vous constaterez que les choses n'ont pas beaucoup changé depuis quinze ans.

> On sait que le Ritalin contribue, à court terme, à réduire les symptômes de déficit d'attention et d'hyperactivité. De plus en plus d'écoliers, par contre, prennent du Ritalin et jusqu'ici, aucune étude ne permet de mesurer les effets à long terme de ce médicament sur le rendement scolaire ou le comportement social de ces enfants.
>
> Le Ritalin peut nuire à la croissance de l'enfant, bien que les dernières recherches laissent entendre qu'il ne fait que retarder la croissance au lieu de la stopper. On constate également une hausse du nombre de stimulants prescrits à des enfants de moins de cinq ans. Il n'existe pas non plus d'études permettant d'affirmer que ces médicaments sont sans danger ou même efficaces sur de jeunes enfants[1].

Les effets secondaires du Ritalin

Les renseignements suivants vous sont probablement inconnus, et pour cause, puisque seuls les médecins y ont accès. Ils vous donneront peut-être des sueurs froides, nous l'espérons d'ailleurs. Comme le mentionne Robert Mendelsohn, M.D. dans son livre *How to Raise a Healthy Child... in Spite of Your Doctor*[69], les données qui suivent sont fournies par le manufacturier du Ritalin, la compagnie pharmaceutique Novartis Pharma, comme l'exige la loi, et extraites du *Compendium des produits pharmaceutiques*.

Au fil de votre lecture, notez que le fabricant reconnaît ignorer comment fonctionne le Ritalin ou de quelle manière il agit sur le système nerveux central. Il admet également que personne n'en connaît les effets à long terme et, par conséquent, ne peut en garantir la sûreté. Les commentaires entre parenthèses sont ceux du docteur Mendelsohn.

> La nervosité et l'insomnie constituent les effets secondaires les plus courants que l'on peut en général contrôler en réduisant le dosage ou en omettant la médication de l'après-midi et du soir. Les autres effets secondaires peuvent être les suivants : hypersensibilité (incluant des éruptions cutanées), urticaire (gonflement et démangeaison de plaques cutanées), fièvre, arthralgie, dermatite exfoliante (squames), érythème multiforme (maladie inflammatoire aiguë de la peau) accompagné d'observations histopathologiques de vasculite nécrosante (destruction des vaisseaux sanguins), purpura thrombocytopénique (problème grave de coagulation sanguine), anorexie, nausés, vertiges, palpitations, céphalées, dyskinésie (trouble de l'activité motrice), somnolence, modifications de la tension artérielle et du pouls, à la hausse ou à la baisse, tachycardie (accélération du rythme cardiaque), angine (douleur aiguë de la poitrine), arythmie (battements cardiaques irréguliers), douleur abdominale, perte de poids lorsque utilisé à long terme.
>
> On note également quelques cas de maladie de Gilles de la Tourette et de psychose toxique, de leucopénie (diminution des globules blancs du sang), avec ou sans anémie et quelques rares cas de perte de cheveux. Chez les enfants, on observe : une perte d'appétit, des douleurs abdominales, une perte pondérale lorsque la médication est prolongée ; de plus, l'insomnie et la tachycardie peuvent être plus fréquentes. Cependant, tous les autres effets secondaires mentionnés précédemment peuvent aussi apparaître.

Nous vous présentons maintenant de nouvelles formes de thérapie ainsi que des renseignements très utiles concernant la nutrition. Voyons tout d'abord un rapport de Keith Smith[70], iridologue et phytothérapeute californien qui obtient des résultats phénoménaux en recourant à des méthodes non orthodoxes dont quelques-unes sont à peine connues. Une partie de son rapport est plutôt scientifique, mais il relate également des cas vécus dont la lecture est accessible à tous.

Nous lui avons demandé de nous parler de ses méthodes de travail et plus spécifiquement de l'énigmatique problème du déficit d'attention. Nous tenons à vous rappeler que nous vérifions toujours auparavant l'efficacité et la pertinence de l'information que nous vous transmettons. Enfin, rappelons-nous que les théories farfelues d'aujourd'hui deviennent souvent les sciences de demain.

LA POLARITÉ INVERSÉE CHRONIQUE CHEZ LES ENFANTS SPÉCIAUX D'AUJOURD'HUI
par Keith R. Smith

Notre devoir envers les enfants devrait être de les guérir plutôt que de les traiter. En révisant l'information sur le déficit d'attention, l'hyperactivité et les difficultés d'apprentissage, j'ai été très étonné de trouver un rapport faisant état des efforts déployés par le National Institute of Child Health and Human Development (NICHD). Cet organisme rapporte, en effet, que « l'aide financière accordée aux projets liés aux problèmes d'apprentissage et de langage est passée de 1,75 million en 1975 à plus de 15 millions de dollars en 1993 ». En tout, ces chiffres représentent une somme de 80 millions de dollars seulement pour la recherche[71]. Sous le titre « *Future Research Directions in LD* » [orientations futures de la recherche face aux difficultés d'apprentissage (NDT)] et le sous-titre « *Treatment/Intervention* », on retrouve cet énoncé :

> La littérature portant sur les difficultés d'apprentissage et de lecture démontre qu'il n'existe aucune démarche ou aucun traitement pouvant produire des effets thérapeutiques significatifs et à long terme chez les enfants éprouvant des problèmes d'apprentissage. Malheureusement, à ce jour, il y a

> peu d'aide consacrée à l'utilisation d'interventions spécifiques ou de méthodes combinées en fonction des différents types de problèmes d'apprentissage[72].

D'après mes calculs, cet organisme à lui seul a accordé des fonds de plus de 155 millions de dollars à la recherche et on n'a toujours pas trouvé de solution. Un autre document auquel on peut accéder par Internet (www.mediconsult.com)[73] évalue entre trois et cinq millions le nombre d'enfants qui ont un déficit d'attention avec hyperactivité. Si l'on ajoute à ce nombre les cas de problèmes d'apprentissage, les chiffres grimpent alors à dix millions. Dans ce même document, voici ce qu'en dit le National Institute of Mental Health (NIMH), l'agence fédérale américaine qui finance la recherche sur le cerveau, la maladie mentale et la santé mentale :

> Le problème du déficit d'attention et d'hyperactivité est devenu une priorité nationale. Au cours des années 90, déclarées « la décennie du cerveau » par le président des États-Unis et le Congrès américain, il est possible que les savants découvrirent alors les fondements biologiques de ce problème ainsi que les moyens de prévention et les traitements.

Si un seul organisme débourse plus de 155 millions de dollars et qu'il existe d'autres agences gouvernementales dépensant aussi des millions de dollars, je me demande combien d'argent et de temps de recherche ont été consacrés sans aucun résultat jusqu'ici.

Je suis phytothérapeute et praticien en santé holistique. Ce qui me scandalise le plus dans ma profession, c'est que l'on considère le déficit d'attention et l'hyperactivité comme les problèmes les plus faciles à réduire ou à soulager. (Nous ne sommes pas médecins et, de ce fait, ne pouvons *guérir*, mais nos compétences nous permettent d'améliorer le bien-être des personnes atteintes et d'alléger leurs symptômes.) J'ai inclus trois études de cas dans ce rapport ; cependant, j'aurais pu facilement en raconter 300 ou 3000 similaires. Je ne me souviens pas d'un seul cas où nous n'avons pas obtenu de résultats positifs, à moins, bien sûr, que les clients n'aient pas pris les remèdes suggérés.

La polarité inversée chronique

J'ai découvert la polarité inversée chronique comme traitement du syndrome de fatigue chronique, par hasard, il y a plusieurs années. Au fil de ma pratique, j'ai constaté que de nombreux symptômes présents chez les enfants qui ont un déficit d'attention avec hyperactivité sont identiques aux symptômes de fatigue chronique chez les adultes.

Lorsque j'ai commencé à évaluer ces enfants, mes soupçons se sont confirmés. En effet, chez presque tous les sujets examinés, j'ai trouvé une inversion de la polarité. Dès que j'ajoutais le traitement habituel à base de plantes à mon plan nutritionnel, j'observais des résultats très positifs : les enfants commençaient à répondre au traitement et leur condition s'améliorait sensiblement. Dans la plupart des cas, ils ont retrouvé un équilibre normal.

Tous les systèmes et processus du corps physique sont électriques, dont les processus mentaux et les systèmes immunitaire et cardiaque. Le corps humain est en fait une centrale électrique, et quand celle-ci fonctionne, elle crée des champs magnétiques polarisés, c'est-à-dire à deux pôles : le nord et le sud. Lorsqu'un aimant est soumis à un stress, il inverse ses polarités ; autrement dit, le nord et le sud changent de position.

Par conséquent, puisque le corps humain produit de l'électricité et possède un champ magnétique subtil, certaines conditions, telles que le stress, peuvent en inverser les pôles, un peu comme dans le cas de l'aimant. Cette inversion peut être temporaire et c'est d'ailleurs de cette façon que la considère la grande majorité des professionnels des médecines holistiques. Au fil de ma pratique, cependant, j'ai constaté qu'il arrive souvent que l'inversion de la polarité se prolonge pendant une longue période et peut être difficile à corriger, à moins de bien en comprendre les diverses manifestations.

Avec le temps, je me suis donc rendu compte que l'inversion des polarités devient souvent chronique et semble un facteur important du syndrome de fatigue chronique, de dépression, d'anxiété, de fibromyalgie, de maladies auto-immunes, de cancer, de déficit d'attention et d'hyperactivité, ainsi que de nombreux autres états qui paraissent réfractaires aux traitements habituels.

Les divers processus de la maladie et des symptômes empêchent de reconnaître le problème qui, bien souvent, passe inaperçu jusqu'au jour où les symptômes s'accentuent.

Le système électrique de notre corps

L'inversion des polarités affaiblit « la puissance électrique » et le stress prolongé en est une cause majeure. Lorsque la charge électrique de l'organisme s'affaiblit, certains symptômes s'élèvent en signaux d'alarme. Par ailleurs, si la charge du corps tombe sous les 42 hertz, le système immunitaire n'est plus en mesure de résister à la maladie. Au début de l'inversion de la polarité, les signaux d'alarme peuvent prendre la forme de maux de tête, de courbatures, de maux de dos. Si nous n'en tenons pas compte et refusons de ralentir pour « recharger la centrale électrique », les symptômes s'aggravent et peuvent dégénérer en fatigue extrême, en dépression, en anxiété, en migraines, en fibromyalgie, en somnolence et en douleurs chroniques affectant les régions faibles.

Lorsque la polarité est inversée, le système protecteur normal devient inactif et les signaux électriques habituels qui parviennent au système immunitaire induisent la destruction au lieu de la protection.

Note de l'auteur aux thérapeutes : Dans le cas de maladies comme le purpura thrombopénique interstitiel, on en donne la définition suivante : maladie caractérisée par la destruction mystérieuse des globules rouges par la rate. Pour ralentir cette maladie, souvent incurable, on recommande l'ablation de la rate. On y lit aussi : « Il semble que les globules rouges inversent leur polarité électrique… »

Est-il possible que l'inversion des charges électriques des parties faibles de notre corps ne soit qu'une dernière tentative pour remédier à des conditions extrêmes de stress qui nous obligent alors à ralentir considérablement en nous clouant à des fauteuils roulants, à des lits d'hôpitaux ou nous contraignent à un repos forcé à la maison ?

Certains symptômes importants de la polarité inversée chronique ressemblent à s'y méprendre aux symptômes du déficit d'attention et de l'hyperactivité, notamment une faible mémoire à court terme et un manque de concentration. En général, les patients me confirment ces symptômes quand je les leur décris comme une sensation d'avoir le cerveau dans le brouillard. Une autre méthode efficace consiste à demander aux patients d'imaginer leur cerveau comme une ampoule électrique et de nommer les endroits utilisant le plus d'énergie et reflétant le plus de luminosité. Je leur demande s'ils ont déjà eu l'impression d'une panne partielle ou s'ils peuvent imaginer ce qu'ils éprouveraient si leur lumière était faible. Les adultes répondent presque toujours la même chose : « C'est exactement ce que je ressens. »

Imaginez alors comment un écolier au « cerveau partiellement éteint » peut fonctionner quand on sait que le travail scolaire exige beaucoup de concentration et une bonne mémoire à court terme.

Les neuf symptômes requis

Pour poser un diagnostic de déficit d'attention avec ou sans hyperactivité, l'Association américaine de psychiatrie reconnaît neuf symptômes d'inattention ou neuf symptômes d'hyperactivité/impulsivité qui doivent s'être manifestés avant l'âge de sept ans, avoir persisté pendant au moins six mois et être assez graves pour perturber les activités scolaires ou sociales de l'enfant. Ces symptômes spécifiques sont :

Symptômes d'inattention

1. L'enfant ne fait pas attention aux détails et commet des erreurs d'inattention ;
2. il éprouve de la difficulté à écouter ;
3. n'écoute pas quand on lui adresse la parole ;
4. ne poursuit pas ou ne finit pas ses tâches ;
5. a de la difficulté à s'organiser ;
6. évite les tâches exigeant un effort mental soutenu ou de la concentration ;

7. perd souvent son matériel ou oublie ses travaux scolaires ;
8. se laisse souvent distraire ;
9. montre de la négligence dans ses travaux quotidiens.

Symptômes d'hyperactivité ou d'impulsivité

1. L'enfant bouge et se tortille souvent ;
2. quitte fréquemment son siège alors qu'il devrait rester assis ;
3. court çà et là ou grimpe sur les objets à des moments inopportuns ;
4. éprouve de la difficulté à s'engager dans des jeux calmes ou d'autres activités ;
5. est toujours prêt à partir, comme s'il était régi par un moteur ;
6. parle excessivement ;
7. envoie les réponses à contretemps ;
8. a de la difficulté à attendre son tour ou à faire la file ;
9. interrompt les autres ou s'ingère dans leurs affaires à maintes reprises.

Analyse de l'iris : les types Fleur et Joyau

La technique de Rayid, qui analyse l'iris de l'œil, est trop détaillée pour que nous puissions l'expliquer en entier ici. En résumé, on peut dire que les caractéristiques du type « Fleur », ou émotionnel, correspondent davantage à l'inattention chez l'enfant et à la dépression chez l'adulte, alors que le type « Joyau » renvoie surtout à l'hyperactivité ou à l'impulsivité chez l'enfant et à l'anxiété chez l'adulte.

La polarité inversée, l'analyse nutritionnelle, la technique Rayid et d'autres méthodes qu'utilisent des thérapeutes de médecines douces peuvent fournir une analyse précise de la situation de ces enfants uniques et spéciaux. Lorsqu'on étudie chaque cas en tenant compte des symptômes individuels, on obtient souvent un taux élevé de succès, comme vous pourrez le constater dans les études de cas qui suivent.

Premier cas

Patiente : Petite fille de quatre ans chez qui on repère les symptômes typiques de déficit d'attention et d'hyperactivité.

Antécédents : Cette enfant est née sept semaines avant terme et a passé cinq jours seule aux soins intensifs néonatals. Selon sa mère, elle a toujours été en mauvaise santé et agitée, dormant rarement plus de trois heures d'affilée. Elle était très émotive, et lors de notre première visite, nous avons repéré les symptômes classiques de déficit d'attention et d'hyperactivité. La mère rapporte également que sa fille vomit souvent et souffre de sueurs nocturnes.

Traitement médical : Après lui avoir fait subir des tests et après avoir diagnostiqué une hyperactivité et un déficit d'attention, on a suggéré l'usage du Ritalin si les symptômes continuaient au moment de son entrée à l'école. Ses parents ont cherché d'autres solutions que celle de la médication.

Options complémentaires : Avant sa naissance, cette petite fille spéciale est apparue dans un rêve à ses parents au cours duquel elle leur révéla son joli nom futur, assez inhabituel. Elle était du type « Ruisseau/Fleur », donc de personnalité sensible/émotive.

L'examen a révélé une polarité inversée et, comme ses parents l'avaient souligné, une sensibilité extrême au sucre. Un examen plus poussé nous a donc dévoilé les facteurs de stress responsables de son état : le traumatisme relié à sa naissance prématurée, le travail des parents qui cumulaient chacun deux emplois et leurs trois déménagements avant l'arrivée du bébé, les nausées et les vomissements continus de la mère durant toute la grossesse ainsi que les nombreux traitements subis à la salle des urgences de l'hôpital local pour remédier à la déshydratation.

Nous avons aussi constaté que les parents vivaient un haut niveau de stress. Durant la grossesse, le fœtus a donc vécu le stress et les émotions de la mère et, après sa naissance, l'enfant a continué d'absorber le stress ambiant. Elle avait également adopté l'attitude de sa mère qui vomissait, libérant ainsi son centre émotionnel, l'estomac.

La petite fille a suivi le programme nutritionnel habituel pour les cas de polarité inversée chronique. On retira le sucre autant que possible, ne le gardant que pour des occasions spéciales. Par ailleurs, les parents devaient la nourrir émotionnellement en lui prodiguant plus de câlins. La mère et le père devaient lui accorder plus de temps et être vraiment présents auprès d'elle afin de combler ses grands besoins affectifs.

Résultats : L'enfant s'est bien adaptée à la maternelle et tous les symptômes d'hyperactivité ont disparu. Elle dort normalement sans s'éveiller de toute la nuit, ne transpire plus durant son sommeil et ne vomit plus. Une évaluation psychologique récente a démontré qu'elle a un vocabulaire incroyable et remarquable pour une enfant de quatre ans.

En résumé : Les recherches montrent que les parents ayant souffert d'hyperactivité souvent jumelée à des problèmes neurologiques ou psychologiques risquent plus de se retrouver avec des enfants ayant des problèmes de déficit d'attention avec ou sans hyperactivité. On a également découvert que la présence d'un enfant hyperactif risque d'affecter également les autres enfants de la famille. Les chercheurs concluent donc qu'une certaine prédisposition génétique continue toujours de résister au traitement médical.

D'après mon expérience, la polarité inversée chronique est contagieuse, c'est-à-dire que la proximité en favorise l'apparition. Si vous placez une pile « vivante » près d'une pile déchargée, celle qui est chargée se déchargera. Ainsi, les enfants dont les parents sont dans un vide d'énergie, c'est-à-dire dont les polarités sont inversées, ou le fœtus dont la mère est dépolarisée, le deviennent également, celle-ci (ou les deux parents) tirant involontairement mais constamment leur énergie. Ce phénomène se produit souvent avant la naissance et se poursuit, dans bien des cas, pendant toute la croissance de l'enfant, qui reste emprisonné dans ce cycle. Dans le futur, la recherche prouvera sans doute que cette situation crée des déséquilibres chimiques et que ces symptômes sont les conséquences de troubles nerveux.

Deuxième cas

Patient : Garçon de sept ans chez qui on a diagnostiqué un déficit d'attention et d'hyperactivité ainsi que de la dystrophie musculaire.

Antécédents : Après la naissance de cet enfant, on a découvert la dystrophie musculaire accompagnée de limitations physiques. Les symptômes de déficit d'attention et d'hyperactivité étaient présents et graves dès le début. Ce petit avait de la difficulté à rester tranquille, à apprendre, à se concentrer et à suivre des consignes. À l'école, il n'arrivait pas à écrire son nom ni même à numéroter la liste de mots à épeler. Ses devoirs de vocabulaire n'étaient jamais terminés, il n'arrivait pas à faire de mathématiques, même les plus simples.

Traitement médical : Ce garçonnet reçoit un traitement suivi d'un hôpital pour enfants et fait de la physiothérapie. Un psychiatre lui a prescrit du Ritalin après un examen hâtif qui, selon la mère, n'a duré que dix minutes et n'avait rien de professionnel. C'est ce qui l'a amenée à recourir à une thérapie non conventionnelle.

Options complémentaires : Une investigation et les antécédents ont révélé en fin de compte que cet enfant était issu d'un couple vivant un stress énorme et avait eu une naissance difficile. J'avais déjà traité sa mère pour un problème de polarité inversée. Maintenant divorcée, elle mène une vie plus paisible avec son nouveau conjoint. On observe souvent une amélioration autant chez les parents que chez les enfants dépolarisés lorsqu'ils apportent des changements dans leur style de vie.

Les tests ont révélé qu'il avait aussi un problème de polarité inversée pour lequel il a reçu un traitement classique à base de plantes et adapté aux enfants. Comme le garçon ne pouvait avaler les capsules, les plantes étaient ajoutées à de la compote de pommes, à un jus, ou encore à un liquide protéiné pour faciliter la digestion.

Résultats : L'enfant a passé une année scolaire extraordinaire. Non seulement est-il arrivé à écrire son nom et à compter, mais il a obtenu une note parfaite en épellation. Le calcul mental lui posait encore de la difficulté, mais une nouvelle méthode sur clavier lui a permis de rattraper presque tout le programme en cours et tout indique qu'il terminera bien son année scolaire.

Une spécialiste lui a fait passer une batterie de tests de Q.I. (le Woodcock-Johnson, selon la mère). Ses résultats dans plusieurs catégories variaient de 128 à 135, ce qui le classe au niveau supérieur et très supérieur. Le médecin de l'hôpital pour enfants l'appelle « Albert », l'associant ainsi à Einstein qui, lui aussi, était considéré par ses professeurs comme un élève faible.

La dystrophie musculaire de ce jeune garçon semble stationnaire, du moins en ce moment, et plusieurs symptômes qui progressent habituellement dans ce type de maladie ne se sont pas manifestés. Son médecin est toujours étonné de son état et répète souvent à la mère : « Je ne sais pas ce que vous faites, mais continuez. » De son côté, le physiothérapeute affirme que l'enfant déjoue tous les autres cas de dystrophie musculaire qu'il a traités.

En résumé : Les analyses génétiques ont démontré que la mère ne portait pas le gène associé à ce type de dystrophie musculaire. Selon le médecin, le niveau élevé de stress de la mère au moment de la conception aurait engendré une mutation de l'ovule, comme cela arrive fréquemment.

Dans ma pratique personnelle, j'ai découvert que la majorité des cas de déficit d'attention et d'hyperactivité sont dus à une dépolarisation. La phytothérapie produit souvent des résultats impressionnants, comme dans le cas de ce jeune garçon. Mon intuition m'amène à croire que la dystrophie musculaire, la paralysie cérébrale et de nombreux autres défauts de naissance sont causés par la polarité inversée chronique pouvant affecter le fœtus au cours du développement de son système nerveux.

Troisième cas

Patient : Adolescent de quinze ans, du secondaire, dont les symptômes inhabituels ne correspondent pas aux diagnostics habituels.

Antécédents : Ce jeune homme très brillant dépérissait : il faisait 1,70 m et son poids était passé à 88 kg ; il était pâle et montrait des cernes prononcés sous les yeux, si bien que ses collègues le surnommaient Dracula. Ses bras et ses jambes ressemblaient à de minces bâtons et il avait perdu une grande partie de sa masse musculaire. Son dos devenait de plus en plus raide et voûté, signe d'une déviation de la colonne. Il se plaignait de crampes aux jambes, de sueurs nocturnes et avait parfois tendance à confondre les mots en parlant. Il souffrait aussi d'une hypersensibilité du tractus gastro-intestinal.

Traitement médical : L'imagerie par résonance magnétique, un scanner et d'autres examens médicaux n'avaient rien révélé. Le seul problème que l'analyse sanguine avait fait ressortir était une déficience en fer pour laquelle cinq médecins avaient prescrit un sulfate ferreux qui, en fait, ne semblait qu'aggraver la situation. Les symptômes suggéraient la maladie de Crohn, caractérisée par une inflammation de l'intestin grêle pouvant causer de la douleur et nuire à l'absorption des nutriments. Cependant, d'autres tests ont rejeté ces possibilités.

Options complémentaires : À première vue, ce jeune homme présentait tous les symptômes de polarité inversée, ce qui fut rapidement confirmé. D'ailleurs, ses symptômes ressemblaient davantage à ceux de la spondylarthrite ankylosante, souvent accompagnée de maladies inflammatoires des intestins, telles que la colite ulcéreuse et la maladie de Crohn. Comme la majorité des maladies d'origine inconnue, elles sont difficiles à identifier jusqu'à ce que les symptômes soient prononcés et reconnus. À ce moment-là, il est souvent trop tard pour arrêter ou renverser le processus.

Cet adolescent a suivi le plan nutritionnel à base de plantes proposé dans les cas de polarité inversée, mais il a fallu réduire le dosage normal au début, en raison de sa sensibilité gastro-intestinale.

Chez les patients aux prises avec des problèmes de polarité inversée chronique, on ne peut corriger la majorité de leurs déséquilibres, à moins de traiter d'abord la polarité jusqu'à ce qu'elle redevienne normale. Ce n'est qu'à ce moment que nous lui avons donné un très léger supplément de fer qui a soulagé l'intestin tout en favorisant une réduction de l'anémie.

Résultats à court terme : Trois mois plus tard, sa polarité était déjà à demi rééquilibrée, il avait repris 5 kg, ses sueurs nocturnes et ses crampes aux jambes avaient disparu.

Résultats à long terme : Le garçon a maintenant repris 10 kg et ses raideurs dorsales ainsi que la courbure de son dos se sont résorbées. Ses bras et ses jambes ont retrouvé de la masse musculaire et semblent plus normaux. Les cercles foncés sous ses yeux se sont estompés de même que sa pâleur. Il vient tout juste d'obtenir son diplôme du secondaire et a déjà produit des travaux de design informatique intéressants. J'ai récemment appris qu'il venait d'écrire un roman d'espionnage qui sera peut-être publié. Quoi qu'il en soit, ce petit génie a recouvré une vie normale, si le terme « normal » peut s'appliquer à cet être si doué.

En résumé : Dans ce cas, ce jeune homme, qui avait des symptômes graves et une grande intelligence, n'a pas été envoyé en psychiatrie ; par conséquent, on ne lui a jamais accolé un diagnostic de déficit d'attention avec ou sans hyperactivité. Toutefois, s'il avait été évalué, c'est ainsi qu'il aurait été traité.

Ma pratique m'a appris que le stress est un facteur très important de dépolarisation. J'ai fait connaissance avec cet adolescent et j'ai compris qu'il venait d'une famille bien intentionnée mais qui vivait un stress de nature spirituelle. De plus, c'est un jeune ambitieux sur le plan intellectuel. Ses nombreux succès scolaires lui avaient apporté tellement de stress qu'ils avaient causé une dépolarisation, enclenchant ainsi le processus de la maladie.

À mon avis, ce patient reflète les extrêmes que peuvent atteindre les enfants indigo. Les médicaments utilisés pour traiter l'hyperactivité auraient été inutiles, et la prednisone ou tout autre anti-inflammatoire n'auraient pas amélioré son état physique.

En résumé

Traiter tous les cas de déficit d'attention et d'hyperactivité de la même façon, tant sur le plan du diagnostic que du traitement, et attribuer la même médication à tous n'est pas la solution appropriée. Dans les cas de déficit d'attention, de l'hyperactivité et de la dépression, les études montrent que, souvent, d'autres problèmes se manifestent plus tard. Le système traditionnel ne fonctionne pas et encore moins pour les enfants indigo. La recherche se poursuit, le progrès fait son chemin et une plus grande compréhension de la maladie s'amorce tranquillement dans le milieu médical. On commence à peine à saisir l'ampleur des problèmes qu'entraîne notre monde stressé. Les solutions parfaites restent encore à venir.

Il est important que les parents connaissent d'autres options leur permettant de mieux comprendre leurs enfants. Nous ne pouvons pas, non plus, avoir des enfants en santé, heureux et équilibrés si nous sommes nous-mêmes déséquilibrés, stressés, désespérés ou encore, si nous sommes dépolarisés. De nombreux parents découvrent qu'en aidant leurs enfants, ils se guérissent eux-mêmes.

La recherche démontre clairement qu'aucune intervention ou démarche actuelle utilisée pour traiter le déficit d'attention, l'hyperactivité et les difficultés d'apprentissage ne fonctionne adéquatement. Une autre étude de la Yale University conclut que 74 % des enfants chez qui on a découvert des difficultés d'apprentissage en troisième année du primaire sont encore aux prises avec le même problème en troisième année du secondaire. Par ailleurs, une autre étude montre que le nombre d'enfants prenant du Ritalin a doublé entre 1990 et 1995 pour atteindre 1,5 million et pourrait bien grimper à 2,5 millions [aux É-U.] au moment de mettre ce livre sous presse[70].

La médication est utilisée dans le but premier de rendre ces enfants plus « gérables » et non pas de les guérir. D'après une étude, les hommes qui ont été traités pour déficit d'attention durant l'enfance montrent une incidence de toxicomanie trois fois plus élevée que les groupes témoins[70]. Par ailleurs, plusieurs études révèlent qu'il existe un pourcentage inhabituellement élevé de prisonniers qui, dans leur enfance, ont été traités pour déficit d'attention et l'hyperactivité. Ces statistiques ont de quoi nous alarmer si nous estimons que de plus en plus d'enfants naissent dans un monde dont le niveau de stress évolue constamment.

Nos enfants valent la peine que nous cherchions d'autres solutions qui les aideront vraiment. Les médicaments peuvent soulager les symptômes mais traitent rarement la cause profonde. Les chercheurs poursuivent leurs recherches en vue de trouver de meilleurs traitements. Très souvent, c'est toute la famille qu'il faut considérer, tout comme on doit tenir compte des facteurs de stress. Ce sont là les conditions nécessaires, si l'on veut offrir un environnement sain qui permettra à ces êtres de s'épanouir.

Cette ère nouvelle nous rappelle qu'il nous reste énormément à découvrir et à apprendre sur nous-mêmes et sur nos enfants. Beaucoup de personnes désirent être au service de ces enfants ; j'en fais partie. Nous ne pouvons continuer de les étiqueter et de les traiter tous de la même façon. Chaque cas est particulier et doit être examiné individuellement. Vous avez le choix : accepter les thérapies traditionnelles et les considérer comme le moins pire des choix ou chercher d'autres méthodes afin de découvrir ce qui fonctionne pour vous et votre famille.

Il appartient aux parents et aux amis des enfants indigo de tenir compte des besoins individuels de ces nouveaux maîtres. Soyez des modèles. Respectez leur individualité et leur personnalité. Recherchez la vérité et évaluez d'autres choix au lieu du statu quo. Mais surtout, ne baissez jamais les bras !

Comme nous l'avons déjà mentionné, nous ne vous présentons que les sujets et les faits que nous avons nous-mêmes évalués. Les meilleurs témoignages ne sont-ils pas ceux des enfants ? Peu après avoir reçu le texte précédent, nous avons eu le plaisir de lire la lettre de Bella Richards au sujet de sa fille Norine, et nous souhaitons la partager avec vous.

> Ma fille de quinze ans est présentement traitée par Keith Smith, iridologue et phytothérapeute à Escondido, en Californie. Nous croyons que c'est une indigo et depuis qu'elle est sous les soins de Keith, elle a fait des progrès remarquables. Elle est en deuxième secondaire et elle éprouve beaucoup de difficulté. Elle montre des signes de déficit d'attention et est incapable de concentration et d'attention en classe. Nous avons consulté un médecin et un neurologue, mais ils n'ont rien trouvé. J'étais tellement déçue à l'idée qu'elle échoue son année scolaire que je voulais l'envoyer à l'éducation des adultes. J'ai longuement parlé avec le directeur de l'école, tentant désespérément de comprendre ce qui n'allait pas. Elle est extrêmement intelligente et sage mais il lui est grandement difficile de s'intégrer aux autres jeunes de son âge, un peu comme si elle appartenait à un autre monde.
>
> Quand nous l'avons amenée chez Keith, nous avons enfin compris son problème en écoutant ce qu'elle lui racontait. Ce fut une véritable bénédiction, car il est très frustrant de ne pouvoir établir de rapport avec son entourage.

On ne peut passer sous silence le rôle important des suppléments alimentaires et le complément nutritionnel qu'ils peuvent fournir aux indigo aux prises avec un déficit d'attention. Est-ce à dire que la nutrition peut remplacer le Ritalin ? Voyons ce qu'en disent deux sources fiables dont les opinions sont radicalement opposées.

Voici d'abord l'opinion du Dr Philip Berent, psychiatre au Arlington Center for Attention Deficit Disorder, à Arlington Heights, en Illinois :

« C'est un médicament à durée déterminée, stable et de faible dosage. Les détracteurs qui prétendent que l'alimentation, l'exercice et d'autres traitements donnent d'aussi bons résultats que le Ritalin se font des illusions. »

Voici ce qu'en pensait le National Institute of Health, en 1998 :

« Des travaux fascinants tendent à démontrer que certains enfants ayant un déficit d'attention et de l'hyperactivité réagissent bien à des thérapies nutritionnelles favorisant l'ajout de certains acides gras ou l'élimination de certains aliments de leur régime alimentaire. Une recherche plus poussée s'impose. »

On ne peut croire ceux qui prétendent que l'alimentation n'importe pas : elle joue un rôle très important. Les trois collaborateurs suivants nous donnent plus d'information sur les effets positifs des suppléments alimentaires dans les cas de déficit d'attention et pour les indigo.

Karen Eck vit en Oregon ; elle est conseillère indépendante en éducation et fait la représentation de logiciels éducatifs. Sa longue quête de traitements sans médicaments l'a amenée à explorer entre autres le domaine de la nutrition. Aujourd'hui, elle travaille au sein d'une compagnie américaine, Insight USA[74], qui fabrique un supplément alimentaire, le Smart Start. Les compléments alimentaires donnent de bons résultats tant auprès des adultes que des enfants auxquels on a attribué, à tort ou à raison, un diagnostic de déficit d'attention. Notre but n'est pas de promouvoir des produits ou des compagnies mais, parfois, c'est la seule façon d'aider des personnes qui cherchent des produits ayant fait l'objet d'études sérieuses. Si vous connaissez des compagnies dont les produits de santé ont aidé des indigo ou des enfants aux prises avec un déficit d'attention, communiquez avec nous. Après vérification, nous les annoncerons sur notre site Internet : (www.indigochild.com).

LA NUTRITION, UNE SOLUTION NATURELLE
par Karen Eck

L'histoire de Smart Start ressemble aux jeux de construction.

L'enfant apprend à jouer en réalisant d'abord des combinaisons simples pour, peu à peu, en bâtir de plus complexes et créer des jouets fonctionnels. De la même manière, le corps humain naît d'une simple cellule qui se multiplie pour construire des structures infiniment complexes comme celles du cerveau, par exemple.

En toute logique, nous devrions soutirer de notre alimentation les éléments qui contribuent à structurer notre corps. Malheureusement, un grand nombre de ces nutriments qui permettent de bâtir notre merveilleuse structure ont disparu des aliments pour différentes raisons, dont le raffinage, l'appauvrissement des sols, la pollution, la cuisson, pour n'en nommer que quelques-unes. Par conséquent, nous sommes privés de nombreux éléments nutritifs dont l'agencement crée notre individualité et nous apporte force, vitalité et longévité. Smart Start a donc été conçu pour remédier à ces carences et pour fournir à l'organisme les pièces nécessaires à la construction de l'ensemble, en accordant une importance particulière à son moteur, le cerveau. Les chercheurs ont donc misé sur le rendement mental.

Les aliments raffinés sont en général dépourvus d'oligo-éléments qui constituent les éléments de base de la plupart des enzymes, dont l'action est d'accélérer les fonctions de l'organisme, telles la vision et les impulsions nerveuses. Les minéraux des produits Smart Start sont chélatés de façon à en accélérer l'absorption.

Les vitamines sont des éléments que l'organisme ne peut fabriquer ; par conséquent, il doit les puiser quotidiennement dans l'alimentation pour assurer son énergie et sa protection.

D'autres éléments jouent également un rôle vital, comme la lécithine, qui constitue 75 % du cerveau. Il en existe encore une multitude qui contribuent aussi à notre santé.

Le ginkgo biloba est un arbre ornemental originaire de la Chine qui contient des flavonoïdes au goût amer, dont les propriétés favorisent la circulation sanguine du cerveau et la stabilisation de la barrière hémato-encéphalique, le filtre le plus sélectif de tout l'organisme, qui contrôle le niveau de glycogène et d'oxygène parvenant au cerveau et le protège des substances nocives.

Les études démontrent que les antioxydants tels que le Pycnogénol, un extrait de pin maritime, améliorent la vision. Les plantes sont reconnues pour leurs nombreuses vertus, comme celle d'accroître la longévité. Lorsqu'elles sont combinées à des minéraux et à des oligoéléments, comme le Smart Start, elles fournissent à l'organisme les matériaux de base favorisant une bonne santé.

Smart Start est un complément alimentaire unique misant sur l'importance des oligoéléments nécessaires au soutien et au fonctionnement optimal des fonctions cérébrales. Il combine des minéraux essentiels chélatés, des vitamines antioxydantes et des plantes présentés sous forme de comprimés à sucer parfaits pour les enfants et excellents pour toute la famille.

Les sept minéraux du tableau ci-contre portant un astérisque font partie des acides aminés chélatés et brevetés provenant des laboratoires Albion. Ces produits contiennent aussi un mélange exclusif d'herbes reconnues pour leur action bénéfique sur les fonctions mentales.

Ginkgo biloba (feuille)	40 mg
Myrtille (concentré d'anthocyanidine)	20 mg
Varech (algue)	12 mg
Noyer noir (coque)	12 mg
Ginseng de Sibérie (racine)	12 mg
Pycnogénol (écorce)	400 mg

Smart Start contient aussi du fructose, du dextrose, de la glycine, de l'acide citrique, de la saveur et de l'acide stéarique. Comme vous pouvez le constater, ce produit renferme de nombreux ingrédients efficaces dont nous parlerons plus en détail dans les sections qui suivent.

Chaque flacon contient 90 comprimés (pour 30 jours).

Contenu de Smart Start

Chaque comprimé renferme	*Quantité*	*% en US RDI*
Vitamine A (bêta-carotène)	5 000 UI	100
Vitamine C (acide ascorbique)	60 mg	100
Vitamine D_3 (cholécalciférol)	400 UI	100
Vitamine E (tocophérol)	30 UI	100
Vitamine B_1 (mononitrate de thiamine)	1,5 mg	100
Vitamine B_2 (riboflavine)	2,0 mg	100
Vitamine B_6 (pyridoxine)	6 μg	100
Vitamine B_{12} (cobalamine)	200 μg	100
Acide folique	400 μg	100
Biotine	300 μg	100
Niacinamide	20 μg	100
Acide pantothénique (pantothénate de calcium)	10 μg	100
Fer*	4,5 mg	25
Zinc*	3,75 mg	25
Manganèse*	1 mg	--
Cuivre*	0,5 mg	25
Chrome*	410 μg	--
Lécithine	80 μg	--
Iode (iodide de potassium)	37,5 μg	25
Molybdène*	18 μg	25
Sélénium*	10 μg	--

Les vitamines

Les aliments que nous consommons, surtout les fritures, ne recèlent souvent presque plus de vitamines. Puisque l'organisme ne peut les fabriquer, il doit donc les puiser dans les aliments et dans les suppléments quotidiens afin de répondre à ses besoins énergétiques, de faire face au stress et de soutenir le système immunitaire.

Bêta-carotène (vitamine A) : antioxydant non stocké par le foie.
Vitamines C et E : antioxydants.
Vitamine D : essentielle à l'absorption du calcium.
Vitamines B_1, B_2, B_6, B_{12} *et niacinamide* : aident à produire de l'énergie et à réagir au stress.
Acide folique : aide à la production d'énergie.
Biotine : est un facteur de croissance cellulaire.
Acide pantothénique : renforce le système immunitaire.

Les oligoéléments

Puisque de nombreux aliments ont perdu leurs oligoéléments, Smart Start leur accorde une place importante. Ce sont des catalyseurs agissant sur des centaines d'enzymes qui assurent pratiquement toutes les fonctions de l'organisme, du fonctionnement des impulsions nerveuses à la régulation du taux de sucre sanguin. Ces fonctions, il va sans dire, sont vitales et participent aussi à l'apprentissage.

Fer et molybdène : composants des globules rouges du sang.
Zinc : composant de plus de 60 enzymes incluant ceux qui fabriquent les antioxydants produits par l'organisme.
Manganèse : essentiel aux enzymes participant à la croissance des os, à la production d'énergie et au soutien du système immunitaire.
Cuivre : très important pour les enzymes, il joue un rôle auprès des systèmes immunitaire et cardio-vasculaire.
Chrome : essentiel au bon fonctionnement du métabolisme des sucres et des gras.

Iode : essentiel à la production des enzymes thyroïdiennes.
Sélénium : composant des enzymes immunitaires essentielles.

Les plantes

Les plantes de Smart Start ont été sélectionnées de façon à maximiser le rendement des fonctions intellectuelles.

Ginkgo biloba : constituant au goût amer qui contribue à la stabilisation de la barrière hémato-encéphalique et filtre l'accès des substances au cerveau, le protégeant ainsi des éléments nocifs.
Myrtille : fournit des proanthocyanidines (antioxydants) qui protègent les cellules.
Noyer noir : source naturelle d'iode (qui maintient l'équilibre métabolique et fournit de l'énergie).
Ginseng sibérien : contient des adaptogènes aidant l'organisme à faire face au stress.
Pycnogénol : antioxydant extrait de l'écorce de pin maritime.
Lécithine : le cerveau est essentiellement composé de phospholipides (constituants apparentés à la lécithine).

Résumé

Après avoir utilisé le Smart Start auprès de leurs enfants, de nombreux parents ont observé des résultats tangibles. L'un d'eux a bien regretté d'avoir laissé le supplément à la maison lors des vacances, car le comportement de l'enfant s'est détérioré. Parfois, il s'agit d'en être privé quelque temps pour en apprécier les effets positifs. Dans ce cas, les parents ne manquent pas de refaire rapidement leurs provisions.

Nos logiciels interactifs constituent d'autres supports qui modifient positivement la vie des enfants aux prises avec des problèmes d'attention et d'hyperactivité. Ils apprécient le contact individuel à l'ordinateur et la réponse instantanée. L'un d'entre eux avait l'habitude de faire ses devoirs debout et en bougeant constamment, mais il adorait trouver les bonnes réponses. Il était amusant à regarder. Cet outil pédagogique permet à tous les enfants de se rendre compte qu'ils sont intelligents et qu'ils peuvent apprendre comme les autres. Ils retrouvent ainsi confiance en eux-mêmes, ce qui contribue grandement à améliorer leur comportement.

BALANCE Formula 1
Une option rassurante pour les parents d'enfants hyperactifs

Voici un produit actuellement disponible au Québec et similaire au Smart Start. Plusieurs des éléments actifs du BALANCE Formula 1 sont également présents dans le Smart Start, confirmant ainsi l'efficacité des éléments composant ce genre de produit.

Les recherches du Dr James Allerton, biochimiste et nutritionniste, ont révélé que l'hyperactivité avec déficit d'attention peut être le résultat d'un déséquilibre dans le fonctionnement de l'hypothalamus, cette glande qui régularise de multiples fonctions corporelles dont celles liées au comportement.

Pour contrer les effets nocifs du Ritalin administré à Brian, son fils adoptif hyperactif, le Dr Allerton mit au point, en 1986, un composé d'éléments nutritifs, d'acides aminés et de minéraux en tous points semblables à ceux de l'hypothalamus. Le défi fut relevé avec succès : BALANCE Formula 1 a rapidement et radicalement changé la vie de Brian et celle de beaucoup d'autres enfants autistes ou présentant des difficultés d'apprentissage et qui ont été traités en clinique privée.

De nombreux témoignages d'adultes confirment qu'en régularisant les fonctions essentielles de l'hypothalamus, BALANCE Formula 1 agit également sur quantités d'autres désordres, tels l'anxiété, le stress, l'agoraphobie, les syndromes pré-menstruel et de la ménopause, et il s'avère efficace dans le sevrage de dépendances (drogues, alcool, tabac, etc.). Les ingrédients actifs sont : Les vitamines C, E, B_1, B_2, B_{12}, la niacinamide, l'acide pantothénique, la choline, le zinc, le manganèse, le calcium, le magnésium, les protéines végétales hydrolysées, l'acide folique, le PABA.

Commercialisé par Les Produits Radical International Inc., BALANCE Formula 1 est maintenant disponible chez plusieurs thérapeutes du Québec. Pour savoir où et comment se le procurer, contacter Micheline Laliberté au (418) 653-8666,
par télécopieur au (418) 653-0552
ou par courriel : michelinelaliberté@hotmail.com

Les bienfaits du Pycnogénol

Super antioxydant 20 fois plus efficace que la vitamine C et 50 fois plus actif que la vitamine E, le pycnogénol lutte efficacement contre les ravages causés par les radicaux libres et agit sur tous les systèmes. Connu des Amérindiens depuis des siècles et provenant de l'écorce de pin (*Pinus maritimus*), il a été redécouvert par le professeur Jacques Masquelier de l'université de Bordeaux (France). Les recherches et les essais cliniques ont démontré son efficacité dans un grand nombre d'affections diverses, notamment dans les cas de déficit d'attention et d'hyperactivité. De plus, cet aliment naturel renforce le système immunitaire, ne crée aucune dépendance et ne présente aucune toxicité. Un grand nombre de médecins et de professionnels de la santé recommandent ce produit.

Il existe également un autre extrait de pin, commercialisé sous le nom d'EnzoKaire, provenant de l'écorce d'un pin de Nouvelle-Zélande (*Pinus radiata*), dont les propriétés sont supérieures à celles du *Pinus maritimus*. Il donne d'excellents résultats, notamment auprès des enfants aux prises avec un déficit d'attention ou l'hyperactivité.

On peut trouver le pycnogénol en pharmacie et dans les boutiques d'aliments naturels. Par contre, la compagnie Kaire Nutraceuticals possède un brevet exclusif qui assure une efficacité supérieure autant pour le pycnogénol que pour l'EnzoKAire puisque ces deux produits sont combinés à des enzymes, à de la spiruline et à d'autres nutriments. EnzoKaire est exclusif à cette compagnie, qui distribue également Ginkgo biloba et Momentum, deux autres excellents suppléments qui aident le système nerveux et accroissent la mémoire et la concentration.

Pour plus d'information ou pour vous procurer ces suppléments ainsi que l'algue Blue Green, contactez CORGESSAN (Centre de consultation, de recherche et de gestion de la santé) au (819) 424-5905 (tél. et téléc. au Québec) ou par courriel (corgessan@st-donat.com)

Deborah Grossman est mère d'un enfant indigo. Infirmière et homéopathe, elle nous propose ici une « recette » de suppléments qu'elle a mise au point et qui donne de bons résultats. Parmi ces compléments alimentaires, on retrouve l'algue Blue Green, dont nous traiterons plus amplement après l'information que nous transmet Deborah.

LES SUPPLÉMENTS ALIMENTAIRES
par Deborah Grossman

Je suis persuadée que mon fils m'a choisie dans cette vie parce qu'il savait que je ne le laisserais pas « crever de faim », mais qu'au contraire, je ferais tout pour qu'il déborde de santé. Infirmière, je m'intéresse activement à la médecine holistique depuis des années et j'ai aussi l'habitude de travailler dans des systèmes qui s'effondrent, comme le système scolaire. À mon avis, il est souvent très difficile pour les enfants indigo de s'astreindre à des tâches fastidieuses où interviennent papier, crayons et matières scolaires qu'il faut répéter comme des perroquets.

La supplémentation que je donne à mon fils comprend l'algue Blue Green du lac Klamath, ainsi que d'autres produits. J'avoue que mon fils m'a un peu servi de cobaye, mais je me suis aperçue que dans son cas, les résultats étaient très positifs. Voici comment je complète son alimentation :

- 1 multivitamine Source of Life
- 3 capsules de Super Choline
- 2 capsules de 5-H-T, de Biochem
- 1 capsule de 1000 mg, de lécithine
- 1 capsule de 50 mg d'acide lipoïde, de Biochem
- 1 capsule de Rhododendron Caucasicum (souvent obtenue par la poste)
- 3 capsules de Restores (acides aminés)
- 2 capsules d'Omega Gold (un mélange d'algue Blue Green obtenue par commande postale)
- 1 capsule de DHA, de Solray
- 2 capsules d'Efalex Focus
- Du Trace Lyte ajouté à de l'eau purifiée par osmose inversée.

J'ai de la chance que mon fils coopère aussi aisément pour prendre tous ces suppléments. Vous pouvez ajuster la dose en fonction du poids de votre enfant : les quantités ci-dessus sont établies pour mon enfant de 48 kg. Pour ceux qui ne peuvent avaler les capsules, il existe un aérosol, le Pedi Active, qui peut avantageusement remplacer les deux ou trois premiers suppléments.

Une compagnie canadienne, Nutrichem[75], offre des produits contenant la plupart des ingrédients mentionnés. Deux avantages : il y aura moins de capsules à avaler et le coût sera certainement moindre.

Pour plus de renseignements et de conseils sur tous ces produits et les médecines alternatives en général, consultez votre centre de santé local ou à Montréal : Le Centre Nature et Santé Ki
4279, rue Saint-Denis, Montréal, Québec, Canada H2J 2K9
Tél. : (514) 841-9696 * téléc. : (514) 841-9797

✧ ✧ ✧

Autres options

Nous aimerions vous présenter ici quelques démarches de santé non conventionnelles qui peuvent paraître un peu étranges, mais qui donnent de bons résultats. Comme nous le disions précédemment, les bizarreries d'une époque deviennent souvent les sciences d'une autre. La popularité et l'efficacité croissantes de nombreuses thérapies parallèles forcent la médecine traditionnelle à s'ouvrir à d'autres méthodes de soins et à penser que « si ça marche, c'est qu'il y a quelque chose, et nous comprendrons plus tard pourquoi ». Il n'y a pas si longtemps, le scepticisme traduisait plutôt l'idée « qu'il est impossible que ça fonctionne puisqu'on ne sait pas pourquoi ». Finalement, certains traitements que l'on qualifiait de « fous » ou de « ridicules » sont aujourd'hui prescrits et utilisés par ces mêmes personnes qui les dénigraient hier.

Partout en Amérique, on voit surgir dans les hôpitaux des pavillons où l'on offre des soins non conventionnels. Pour de nombreux professionnels encore, ces méthodes non orthodoxes paraissent sans fondements scientifiques mais elles fonctionnent. Ils sont donc bien forcés de l'admettre. Voilà pourquoi plusieurs compagnies d'assurances privées ou collectives défraient les coûts des traitements d'acupuncture, accordant ainsi ses lettres de noblesse à une tradition plusieurs fois millénaire que la médecine a méprisée pendant plusieurs décennies.

Certains remèdes très anciens auxquels la science n'accordait aucun crédit sont appuyés par des chercheurs. En voici un exemple tiré de la *Associated Press* de novembre 1998[76] :

> Il s'agit d'un remède chinois très ancien que de nombreux médecins américains trouveront pour le moins étrange : on fait chauffer de l'armoise près du petit orteil d'une femme enceinte pour aider le bébé à se retourner, au moment de l'accouchement, évitant ainsi une naissance par le siège.
>
> Quand, cette semaine, des milliers de médecins parcourront le *Journal of The American Medical Association*, ils y trouveront une étude scientifique attestant l'efficacité de cette

thérapie chinoise et affirmant que les Occidentales auraient intérêt à l'essayer.

Selon une étude effectuée en 1997 et parue dans le *New England Journal of Medicine*, au moins 46 % des Américains ont eu recours à des traitements de médecines parallèles telles que l'acupuncture et la chiropratique. Dans ce même rapport, on y trouve une liste des médecines parallèles les plus populaires. Parmi celles-ci, les « traitements spirituels effectués par d'autres » viennent en cinquième place[76].

Lisez attentivement ce qui suit. Vous y trouverez peut-être ce que vous cherchez.

L'algue miracle : la Blue Green du lac Klamath

Au début de ce chapitre, nous vous avons recommandé le livre d'Edward Hallowell ayant trait au déficit d'attention. Cet homme est reconnu pour ses travaux sur les troubles de l'apprentissage et plus particulièrement sur les problèmes reliés au déficit d'attention. D'après le *New York Times* il est d'ailleurs l'auteur d'un best-seller intitulé *Driven to Distraction*[58]. Comme nous l'avons également mentionné, c'est l'un des travaux les plus complets sur le déficit d'attention et l'hyperactivité.

Dr Hallowell était l'invité d'honneur au congrès du Pacific Region Learning Disabilities Drug Treatment, qui s'est tenu à Honolulu (Hawaï), en 1998. Une partie de son discours portait sur les traitements sans médication visant à corriger le déficit d'attention. Le premier produit qu'il a présenté a été l'algue Blue Green, une plante sauvage récoltée au Upper Klamath Lake, dans le sud de l'Oregon, par la compagnie Cell Tech.

Les distributeurs de cette algue l'appellent « le superaliment » en raison des résultats obtenus par tous ceux qui l'ont consommée. C'est donc un aliment naturel, récolté et non manufacturé, qui risque peu d'être contaminé par des agents de conservation, des colorants artificiels et des modificateurs de saveur.

Dans sa rubrique sur la nutrition, le bulletin *Network of Hope* cite un autre psychologue industriel, John F. Taylor, auteur de *Helping your Hyperactive ADD Child*[59] et du vidéo *Answers to ADD: The School Success Tool Kit*[77] :

> N'ayant aucun lien avec quelque compagnie que ce soit engagée dans la récolte, la fabrication ou la commercialisation d'aliments, de médicaments ou de suppléments alimentaires, je peux donc vous transmettre sans parti pris les témoignages de milliers de parents et de professionnels au sujet du déficit d'attention et de l'hyperactivité, ainsi que leur enthousiasme pour cette algue qui aide de nombreux enfants aux prises avec ces problèmes[78].

Comme nous l'avons déjà mentionné, tous les enfants souffrant de déficit d'attention ne sont pas des indigo. Par contre, de nombreux indigo présentent des caractéristiques semblables souvent provoquées, d'ailleurs, par un environnement non accueillant, que ce soit la famille, l'école ou le milieu social. Nous constatons qu'un grand nombre de parents utilisent ce supplément alimentaire avec succès et en font grand éloge. Selon eux, l'algue Blue Green stabilise le taux de sucre sanguin, elle est exempte de toxines, contient des vitamines très importantes (elle est notamment une excellente source de bêta-carotène et de vitamine B_{12}) et possède d'autres propriétés des « superaliments ».

Parmi tous les produits dont nous avons entendu parler au cours de nos rencontres, l'algue Blue Green est la plus souvent mentionnée et la plus efficace. Peut-elle aider les enfants aux prises avec des problèmes d'attention et leur faire retrouver leur équilibre ? Nombreux sont ceux qui le croient, et les preuves semblent abonder dans ce sens. Beaucoup soutiennent qu'elle devrait faire partie de l'alimentation quotidienne de tous.

Si vous voulez en faire l'essai, communiquez avec Cell Tech[79] par le biais d'Internet en visitant son site (www.thepeoples.net/celltech). Vous pourrez également obtenir les résultats d'études scientifiques sur l'algue Blue Green et les enfants.

Dans les pages suivantes, nous vous présenterons d'autres

systèmes et méthodes qui donnent des résultats positifs dans le cas des enfants ayant un déficit d'attention (et de quelques indigo). Bien que ces pratiques ne soient pas encore adoptées par le grand public, elles sont néanmoins appuyées par des professionnels crédibles et des études sérieuses.

La connexion magnétique

Nous croyons qu'il existe un lien étroit entre le magnétisme et le corps humain. Cette croyance repose sur l'observation de plusieurs chercheurs que nous connaissons et qui travaillent ou traitent les individus au moyen du magnétisme. Pour l'instant, cette technologie de pointe s'intéresse surtout au traitement du cancer et au contrôle de la maladie, et ne s'applique donc pas très bien au sujet de ce livre. De plus, une partie de cette recherche en est encore à ses premiers stades et ne peut être officiellement validée malgré les étonnants résultats obtenus en laboratoire. Nous allions donc mettre cet article de côté lorsque nous avons reçu une lettre de Patti McCann-Para dans laquelle nous avons appris que d'autres médecins obtiennent des résultats intéressants dans les cas de déficit d'attention en utilisant des aimants. Voici le contenu de sa lettre :

> Je viens tout juste de terminer la lecture d'un livre sur la magnétothérapie et le déficit d'attention intitulé *Magnetic Therapy* et écrit par Ron Lawrence, M.D., Ph.D., Paul Rosch, M.D., F.A.C.P. et Judith Plowden[80]. À la page 167 du chapitre 8, il est question du Dr Bernard Margois, de Harrisburg (Pennsylvanie), qui utilise avec succès la magnétothérapie auprès d'enfants ayant un déficit d'attention. Il aborde aussi l'estime de soi et des questions de ce genre. Lors du colloque de The North American Academy of Magnetic Therapy qui a eu lieu à Los Angeles en 1998, il nous a fait part d'une étude qu'il a menée auprès de 28 enfants de 5 à 18 ans dont 26 étaient des filles. Au cours de sa recherche, il a utilisé des aimants statiques (ou permanents) et a pu en vérifier les résultats auprès des meilleurs juges, les parents des

jeunes patients, qui ont tous observé un changement incroyable chez leur enfant, allant jusqu'à dire, dans certains cas, que le comportement de leur enfant était aussi différent que le jour et la nuit. Certains résumaient l'expérience ainsi : « Après la magnétothérapie, l'enfant était adorable, alors qu'avant, il était... adoptable. »

Mise en garde générale sur les matelas et les chaises aimantés : Nous vous prions de ne pas utiliser ces produits sur de longues périodes sans interruption, que ce soit pour des traitements ou à titre préventif, car cette pratique soumet votre organisme à une exposition électromagnétique constante pouvant modifier votre programmation cellulaire. Utilisez-les de façon intermittente et non en permanence. Nous croyons que dans le futur, des études révéleront les effets négatifs d'un usage prolongé. Un ou quelques aimants peuvent soulager une personne lorsqu'ils sont utilisés soigneusement, délicatement et par un expert. Par contre, il paraît évident que des centaines d'aimants peuvent causer du tort s'ils sont employés sans discernement.

Le biofeedback et la neurothérapie

Si le système HeartMath®[49], que nous vous avons présenté au chapitre deux, vous a intéressé, alors vous apprécierez probablement la technique de biofeedback (rétroaction), assez semblable. Alors que le HeartMath® permet l'évaluation du cerveau en fonction d'émotions telles que la joie, la tristesse, la colère, l'amour et le rééquilibrage du comportement, le biofeedback est une méthode plus médicale, connue depuis plusieurs années et que nous ne pouvons passer sous silence.

Donna King est une technicienne certifiée en neurothérapie membre du Biofeedback Certification Institute of America. Elle est également directrice de l'éducation professionnelle du Behavioral Physiology Institute[81], une école de médecine behavioriste de l'État de Washington. Sa lettre est courte mais intéressante :

> J'ai eu la chance et le plaisir de travailler auprès de nombreux enfants chez qui on avait diagnostiqué un déficit d'attention avec ou sans hyperactivité. Dans ma pratique, j'utilise un EEG (électroencéphalogramme) qui mesure leurs ondes cérébrales et je leur apprends à modifier ces ondes jusqu'à ce qu'ils obtiennent une sensation de bien-être. Ils arrivent ainsi à réduire ou à éliminer leur médication. Il s'ensuit même une meilleure qualité de sommeil, l'arrêt de l'incontinence nocturne et la disparition des accès de colère. Ce mode de traitement appelé neurorétroaction électroencéphalographique ou rétroaction électroencéphalographique permet aux enfants de retrouver leur propre pouvoir et de décider de leur comportement au lieu de subir les états dans lesquels les plongent les médicaments ou le besoin d'être comme les autres[82].

La rétroaction et la neurothérapie ne sont ni nouvelles ni étranges. Donna nous a d'ailleurs fourni un important document expliquant comment et pourquoi elles donnent de bons résultats. Elle nous a aussi fait part de quelques recherches effectuées sur les enfants en général[83]. Comme elle l'a mentionné, elle travaille tous les jours auprès des enfants et ne cesse de répéter combien ces méthodes peuvent leur venir en aide. La rétroaction est une science reconnue et s'avère efficace chez les enfants.

Il y a probablement des dizaines d'organismes et de disciplines qui utilisent la neurorétroaction et la neurothérapie que nous ne mentionnons pas ici. À peu près en même temps que la lettre de Donna, nous avons reçu de l'information du Focus Neuro-feedback Training Center, qui travaille spécifiquement avec les enfants ayant un déficit d'attention avec ou sans hyperactivité[84]. Le Focus Center a été mis sur pied par Norbert Goigelman, Ph.D., diplômé en neurorétroaction, et comprend l'étude du Neuronal Regulation (SSNR). Ce spécialiste détient un doctorat en génie électronique et un autre, en psychologie. De plus, dans sa pratique, il se concentre sur les enfants ayant un déficit d'attention avec ou sans hyperactivité et recourt à la neurorétroaction. Voici le témoignage de professionnels de ce centre :

Les ordinateurs sophistiqués d'aujourd'hui nous permettent d'offrir des thérapies sans médicaments aux enfants ayant un déficit d'attention avec ou sans hyperactivité. La neuro-rétroaction électroencéphalographique est un procédé d'entraînement sûr, non agressif et sans douleur au cours duquel on place des capteurs sur le cuir chevelu du sujet (âgé d'au moins six ans).

Ces capteurs envoient de l'information sur son activité cérébrale à un ordinateur qui la transcrit sur un moniteur couleur. Lorsque l'individu peut visualiser sa propre activité cérébrale, il devient alors conscient de ses schémas et peut ainsi apprendre à les modifier. Ses progrès sont enregistrés sous forme de signaux visuels ou auditifs.

L'entraînement à cette méthode s'apparente en quelque sorte aux jeux vidéo éducatifs en ce sens que celle-ci améliore le rendement scolaire de l'enfant, rehausse l'estime de soi et favorise l'actualisation des talents inexploités. Une fois la phase initiale terminée, il est rare que les personnes aient besoin de prendre des médicaments ou de revenir en consultation ou en entraînement.

L'intégration neuromusculaire

L'intégration neuromusculaire est un système qui aborde le cerveau de la même manière que la neurorétroaction, mais qui y intègre la structure corporelle afin d'aider la personne à solutionner son problème. Karen Bolesky, M.A., C.M.H.C., L.M.P., est conseillère médicale certifiée. Elle a une formation en psychothérapie et pratique et enseigne au Soma Institute of Neuromuscular Integration[85]. Elle en est également la codirectrice.

Comme les méthodes précédentes, celle-ci est utilisée avec succès auprès des enfants aux prises avec un déficit d'attention avec ou sans hyperactivité. L'intégration neuromusculaire Soma est une forme de thérapie psychocorporelle qui amène des changements à la fois physiques et psychologiques chez la personne. On attribue ces résultats au rééquilibre du corps alors que s'effectue un travail sur le système nerveux. La technique s'échelonne sur dix séances au cours desquelles on utilise le massage des tissus profonds, l'entraînement au mouvement, le dialogue patient-thérapeute, la tenue d'un journal ainsi que d'autres outils d'apprentissage. En bout de ligne, le corps entier se réaligne et le système nerveux retrouve son équilibre.

C'est tout un programme ! La méthode Soma ressemble à d'autres, mais c'est l'une des rares techniques qui tient compte du corps et du mental de cette façon. Jan et moi avons expérimenté le travail du Dr Sid Wolf[86] (qui travaille avec l'un de nos collaborateurs, Dr Melanie Melvin). En se concentrant simplement sur les muscles faciaux, il obtient des résultats positifs immédiats. C'est pourquoi nous voulions vous recommander cette technique qui complète très bien le travail de Melanie Melvin.

La méthode Soma a été mise au point par Bill Williams, Ph.D. Son équipe l'appelle le « modèle des trois cerveaux », qui n'est en fait qu'une métaphore pour en décrire le fonctionnement. Selon Karen Bolesky, « le but de la méthode Soma est de créer un environnement dans lequel le client commence à choisir, parmi les trois cerveaux, celui qui est le plus efficace et à le ressentir au moment présent ou dans une tâche particulière ». Elle ajoute qu'accéder à un autre cerveau parallèlement à l'hémisphère gauche, le dominant, peut s'avérer plus efficace. D'après Karen, en théorie comme en pratique, cette méthode est conçue pour favoriser la réintégration des trois cerveaux dans le but d'amener l'individu à accéder davantage à son potentiel, tout en diminuant le stress et la sensation d'accablement, et pour lui permettre de faire l'expérience d'un plus grand bien-être et de se sentir pleinement en vie. Voici ce qu'elle dit à propos des enfants qui ont des problèmes reliés au déficit d'attention et à l'hyperactivité :

> Tous les sujets qui avaient un diagnostic de déficit d'attention, avec ou sans hyperactivité, affichaient une prédominance extrême de l'hémisphère gauche. Cette aberration maintient la personne dans un mode de survie de cet hémisphère dont elle craint de perdre le contrôle. Voilà pourquoi les sujets ne peuvent plus se concentrer, étant donné que la durée de

concentration est de seize bits par seconde et que, dans leur cas, il n'y a plus d'espace, puisque tous ces bits sont occupés. La méthode Soma aide donc la personne à trouver des façons d'accéder à ses trois cerveaux, entraînant ainsi une sensation d'aise et d'expansion. Pour moi, le déficit d'attention et l'hyperactivité relèvent d'un état de fixation à la dominance de l'hémisphère gauche. Ce n'est pas une maladie. Le travail corporel de Soma aide véritablement la personne à créer en elle un état d'expansion et d'intégration qui favorise une meilleure circulation de l'énergie entre le corps et le mental, le libérant ainsi de cet état de surexcitation.

SOMA : ÉTUDE D'UN CAS
par Karen Bolesky

Un jeune garçon de huit ans, très brillant, qui m'avait été envoyé par son médecin de famille, avait un profil psychologique complet où l'on avait diagnostiqué un déficit d'attention. Il avait vu plusieurs conseillers d'orientation. Fatigués de son comportement à l'école et à la maison, ses parents me l'amenèrent en dernier recours. Le garçon refusait de suivre les consignes, de travailler calmement, de respecter les bonnes manières, de terminer ses travaux scolaires, de soigner sa tenue et son travail et même d'assumer la responsabilité de ses actions. Ce qui posait le plus de problème était son comportement agressif à l'école et ses disputes avec ses frères et sœurs à la maison.

Il utilisait beaucoup le Nintendo™ et les jeux électroniques, très orientés vers les résultats et qui font énormément appel au cerveau gauche. Il détestait se tromper et préférait rester seul quand il était nerveux. À l'école, lorsqu'il se sentait stressé, il voulait utiliser l'ordinateur et devenait violent quand il ne pouvait y avoir accès. Par ailleurs, cet enfant montrait une grande conscience de son corps, dans lequel il n'éprouvait aucun confort, la plupart du temps, et dont il savait parfaitement situer les émotions :

« Mon cerveau est agité, mon estomac embrouillé, mes mains en colère, mes genoux et mes yeux nerveux, et ma colonne, confuse. » Ces descriptions confirmaient son incroyable conscience corporelle, et je pouvais comprendre pourquoi il n'avait pas envie d'éprouver ces sensations continuellement.

Je le voyais une fois par semaine et son état s'améliorait progressivement. La première séance a été difficile et sans grands résultats en raison de sa faible capacité de concentration. Cependant, il a commencé immédiatement à réagir positivement à la méthode Soma, même s'il était ardu d'amener consciemment son attention vers son corps : il riait, résistait et se laissait distraire par tout, essayant ainsi d'échapper à son ressenti. Sa faible capacité d'attention m'obligeait à travailler avec plus d'efficacité. Je l'ai laissé me guider et lui ai demandé de m'avertir quand le travail devenait trop contraignant, ce qui exigeait qu'il porte attention à son ressenti tout en lui laissant le contrôle de la situation. Déjà, après la première rencontre, il m'annonçait fièrement qu'il ne s'était pas querellé de la semaine.

Après sa quatrième visite, il m'avertit qu'il voulait mettre fin au travail corporel en ces termes : « Je me sens tellement mieux depuis que j'ai commencé, que je n'ai plus besoin de venir. Je peux travailler tout seul maintenant. » Je l'ai cru et j'ai eu raison parce qu'après la première séance, il n'a plus jamais été agressif. Il va bien à l'école ainsi qu'à la maison et il est devenu un fervent joueur de soccer.

Lorsqu'il a abandonné le contrôle total de l'hémisphère gauche pour ressentir le « cœur » du cerveau (cette partie du modèle des trois cerveaux où nous expérimentons les sensations corporelles et l'énergie), il a compris que son corps était un endroit où il fait bon vivre. Dans ce « cœur », il a pu entrer en contact avec son énergie corporelle et réduire ce sentiment d'accablement et de confusion. Il a entamé le processus d'intégration, augmentant son énergie tout en fournissant moins d'efforts. Il a également recouvré la santé et continue de bien fonctionner depuis la fin des séances, il y a maintenant dix-neuf mois.

En résumé, si ma théorie est exacte et que les problèmes de

déficit d'attention et d'hyperactivité sont causés par une dominance constante de l'hémisphère gauche, une intégration accrue permettra une durée d'attention plus grande et un effort moindre. Tous les enfants qui avaient reçu un diagnostic de déficit d'attention avec ou sans hyperactivité qui ont suivi les séances de Soma ont démontré une amélioration et, en général, des changements dans leur comportement. Ils peuvent maintenant faire face à la vie en faisant moins d'efforts et en focalisant leur attention avec plus de facilité.

La technologie du Rapid Eye

Ranae Johnson, Ph.D. est la fondatrice du Rapid Eye Institute en Oregon et l'auteure de deux ouvrages, *Rapid Eye Technology* et *Winter Flower*[87]. En fait, cette technique a été mise au point dans le but de trouver des traitements parallèles pour les enfants autistiques. *Winter Flower* raconte la démarche de Ranae pour venir en aide à son fils autistique. En cours de route, elle a découvert des méthodes qui allaient servir non seulement à son fils mais aussi aux enfants et aux adultes confrontés au déficit d'attention et à l'hyperactivité. Voyons ce qu'en dit cet organisme :

> La Rapid Eye Technology (RET) s'adresse aux aspects physique, émotionnel, mental et spirituel de l'être. Sur le plan physique, le sujet apprend à accéder aux données stressantes gardées en mémoire dans le corps et à libérer le stress logé dans les cellules. Le corps parvient progressivement à se défaire de ce stress de façon consciente, ce qui lui permet par la suite de mieux gérer les situations difficiles de la vie et de rééquilibrer sa biochimie, lui assurant ainsi une bonne santé.
>
> Sur le plan émotionnel, la RET facilite le relâchement des énergies négatives reliées à la maladie. L'individu apprend à les laisser aller ou à les utiliser de manière constructive pour obtenir les résultats positifs qu'il souhaite dans sa vie.

Sur le plan mental, on lui enseigne à se servir de ses aptitudes de vie, c'est-à-dire de principes spirituels qui l'aident à considérer la vie sous des angles différents. On sait que si on continue de faire ce qu'on a toujours fait, on obtient les résultats qu'on a toujours obtenu. L'aspect cognitif de la RET offre à l'individu des moyens de faire les choses autrement. Il peut accéder à ces principes spirituels et retrouver son pouvoir de cocréateur de la vie.

Sur le plan spirituel, la Rapid Eye Technology met la personne en contact avec sa perfection. La liquidation du stress lui permet d'accéder à sa nature spirituelle, de retrouver son plan de vie et d'éviter ce « vide existentiel » qui peut engendrer les « mal-aises ».

La RET permet, par la vision et par l'ouïe, d'accéder au système limbique, cette partie du cerveau chargée de la gestion des émotions. Les yeux sont reliés au système limbique par les noyaux géniculés latéraux alors que les oreilles le sont grâce aux noyaux géniculés médians. Cette connexion aide le sujet à gérer le stress au niveau cellulaire par l'entremise de l'hypophyse, qui règle les fonctions cellulaires biochimiques de l'organisme. Par ailleurs, l'hippocampe (une autre partie du système limbique) ainsi que d'autres zones mnémoniques du cerveau qui y sont reliées permettent à la personne d'accéder aux événements stressants du passé et de s'en libérer.

Au moment où nous évaluions les diverses méthodes proposées dans ce livre, nous avons reçu une lettre du Rapid Eye Institute[88]. Tous sont unanimes :

> En ce moment, nous suivons une douzaine d'individus de six à trente ans et nous vivons tous les jours ce que vous décrivez à propos des enfants indigo. Nous avons entre autres côtoyé le déficit d'attention, avec ou sans hyperactivité, et l'autisme. Nous apprenons aux parents à voir leur rôle dans une perspective nouvelle fondée sur les principes universels du programme « Life Skills » et nous obtenons d'excellents résultats.

Et le fondateur de la Rapid Eye Technology ajoute :

> Nos techniques jointes à celles du programme « Life Skills » ont aidé mes enfants et mes petits-enfants ainsi que des milliers de techniciens que nous avons formés et leurs clients à se réapproprier leur vie en devenant les cocréateurs. Je trouve qu'il est fascinant de voir de nombreuses techniques et thérapies s'associer à la médecine traditionnelle et créer un nouveau modèle de santé holistique.

La *EMF Balancing Technique*

La EMF Balancing Technique® [Technique d'harmonisation EMF] est l'une des plus récentes techniques. Elle ressemble un peu aux méthodes d'imposition des mains, mais son taux de réussite est si étonnant que la NASA a voulu l'étudier. Si vous voulez en savoir davantage sur cette technique difficile à expliquer, mais qui fonctionne réellement, consultez le site Internet www.emf balancingtechnique.com. Peggy et Steve Dubro l'ont mise au point et parcourent le monde entier pour former des techniciens[89]. Voici ce que l'on peut y lire :

> La EMF Balancing Technique est un système énergétique conçu pour travailler de pair avec le Universal Calibration Lattice [Treillis d'harmonisation universelle], un modèle de l'anatomie de l'énergie humaine. Il s'agit d'un système simple, logique et cohérent que tout le monde peut apprendre qui utilise le human-to-human effect sur le champ électro-magnétique et intègre le Moi divin et la biologie. La technique s'effectue en quatre étapes, chacune d'elles étant conçue pour renforcer les schémas EMF requis pour réussir à co-créer sa réalité dans la nouvelle énergie.

La EMF Balancing Technique

Et l'intérêt de la NASA ? La compagnie Sonalysts a proposé une subvention afin d'étudier cette méthode. La partie de l'expérience EMF consistait à entraîner des sujets pour vérifier l'effet d'une prise de conscience de l'énergie du champ magnétique, afin d'améliorer le rendement d'une équipe et de renforcer les processus de maintien de la santé humaine ou, en d'autres mots, pour stimuler la conscience du collectif en intégrant la spiritualité et la biologie.

Pour plus d'informations, contacter au Québec :

Rollande Dussault
Tél. : (514) 843-6902
courriel : rolandedussault@videotron.ca

Pour la France :

Jean-Loup Véron
10, avenue Leclerc
69007 Lyon, France
Tél. : 04.72.71.34.24
courriel : veron.jean-loup@wanadoo.fr

Evelyne Fédide Piccoli
27, rue St-Jean
69005 Lyon, France
téléphone et fax : 06.72.61.89.21
courriel : evelynepiccoli@hotmail.com

Chapitre cinq

Messages des enfants indigo

Dans ce chapitre, nous donnerons la parole à des indigo déjà adultes ou presque. Si nous avons eu un peu de difficulté à en trouver, c'est que le terme « indigo » est récent. Pourtant, de nombreux enfants l'étaient bien avant la lettre. La majorité des témoignages nous sont parvenus l'année dernière, grâce au bref chapitre consacré à ce sujet dans mon dernier livre, *Partenaire avec le Divin.* Grâce à la parution de ce présent livre, nombre de personnes constateront qu'elles sont indigo ou qu'elles ont des enfants, des amis, des parents ou des voisins indigo. Les milliers de personnes que nous rencontrons partout dans le monde, au cours de nos conférences, sont étonnées de constater combien notre message correspond à ce qu'elles expérimentent dans leur vie et nous en font part.

Ryan Maluski est un jeune homme dans la vingtaine. Les indigo de cet âge ont été les précurseurs, les premiers indigo à se manifester parmi nous. Il y a fort à parier qu'à cette époque, on les ait étiquetés « enfants à problèmes », même si le déficit d'attention et l'hyperactivité n'étaient pas encore clairement identifiés. On les associait probablement à la déficience mentale ou à toute autre catégorie exprimant une « mésadaptation ». De nombreux indigo plus âgés mentionnent les aspects spirituels de leur vie qui les caractérisent si bien. Le récit de Ryan vous permettra de reconnaître certains critères mentionnés aux chapitres précédents.

NAÎTRE ET GRANDIR INDIGO
par Ryan Maluski

Décrire mon enfance comme enfant indigo n'est pas une mince tâche ; il y a tant à raconter. De plus, n'ayant pas connu autre chose, je me sens un peu coincé dans un dilemme. Par contre, je savais déjà que j'avais quelque chose à faire sur cette terre, j'étais conscient de qui j'étais et je comprenais comment fonctionne cet univers. Assez curieusement, j'ai choisi de grandir dans un milieu et dans un environnement qui ne reflétaient pas du tout la conscience que j'avais de la vie. Je me suis donné de grands défis à relever et des occasions de grandir à travers cette grande solitude et cette différence. Je me sentais entouré d'étrangers qui avaient envahi ma maison et qui essayaient de me mouler à leur perception de la réalité. J'avais littéralement l'impression d'être un roi travaillant pour un paysan et considéré comme un esclave.

J'ai grandi au sein d'une famille de classe moyenne catholique, dans la banlieue du comté de Westchester, dans l'État de New York. Je me suis donné deux merveilleux parents et une sœur de cinq ans ma cadette. Au cours de mon enfance, j'ai souvent subi de fortes fièvres et fait des convulsions qui m'expédiaient à l'hôpital, où l'on me donnait un traitement à base de glace. Pendant environ deux ans, j'ai dû prendre du phénobarbital afin de contrôler mes convulsions. Ma mère ayant remarqué que les foules aggravaient mon cas, elle veillait à m'en tenir éloigné le plus possible. Sa famille et ses amis n'ont jamais compris et l'ont souvent critiquée, mais elle savait qu'elle devait agir ainsi.

Mes parents ont tout fait pour moi et m'ont donné le meilleur d'eux-mêmes. J'ai reçu toute l'attention dont j'avais besoin et j'ai été comblé d'amour. Presque tous les jours, on m'emmenait au petit jardin zoologique du quartier. Je me souviens des animaux ; j'avais l'impression que toutes les bêtes m'appartenaient. Un jour, j'ai même fait sortir les chèvres de l'enclos qui en ont profité pour explorer le parc. Ma première visite au cirque a été très amusante, et voici ce qu'en raconte ma mère :

> Ryan avait deux ans quand nous l'avons emmené au cirque pour la première fois. Bien qu'il avait un siège, voulant qu'il voit tout parfaitement, je l'ai pris sur mes genoux. Il regardait avec tant de plaisir et j'étais tellement excitée de le voir si heureux que je n'arrêtais pas de lui dire : « Ryan, regarde ici ! Ryan, regarde là-bas ! Ryan, regarde les éléphants, regarde les bouffons ! » C'est alors qu'il s'est tourné brusquement et m'a giflée, puis il a continué à suivre ce qui se passait dans l'arène, comme si rien ne s'était passé. De toute évidence, je l'avais énervé avec mes commentaires ; il voulait regarder le spectacle tranquillement, sans se faire bousculer.

À sept ans, je m'apercevais déjà que je faisais les choses différemment. Quand j'entrais dans une confiserie et qu'on m'invitait à choisir tous les bonbons que je voulais, je ne prenais que ceux qui m'intéressaient à ce moment-là, contrairement aux autres enfants qui en profitaient pour dévaliser le comptoir à friandises. Le commis avait d'ailleurs remarqué que je n'agissais pas comme les autres. Je me contentais de ce dont j'avais besoin ou envie à l'instant même, et n'en mettais que quelques-uns dans mes poches.

À Noël, je recevais toujours beaucoup de présents, mais dès que j'avais déballé le premier, je m'assoyais et jouais avec mon cadeau pendant un certain temps, jusqu'à ce que ma mère m'invite à ouvrir le suivant. J'étais reconnaissant et je vivais cette joie du moment présent. Je pouvais m'amuser ainsi pendant des heures.

Plus jeune, il m'arrivait souvent de fixer un objet et de sentir tout mon être se mobiliser dans sa direction, quittant presque mon corps. Ainsi, j'arrivais à l'observer sous tous ses angles. Toutes mes perceptions sensorielles étaient amplifiées ; j'avais l'impression d'être en expansion, d'occuper plus d'espace. J'en parlais à mes amis mais ils ne comprenaient absolument rien de ce que je leur racontais, ce qui me donnait l'impression d'être bizarre, incompris, de ne pas être comme les autres, d'être donc « anormal ».

Les années les plus pénibles ont été incontestablement celles du secondaire. C'est cette période de la vie où les jeunes se comparent entre eux, où ils éprouvent le besoin de s'identifier à un groupe et de se sentir acceptés par les autres. Évidemment, quand on n'a pas ce sentiment d'appartenance et que l'on se sent différent des autres, c'est pénible. Plus jeune, j'avais beaucoup d'amis et je m'entendais bien avec tout le monde, mais au fil des années, je me suis éloigné pas à pas et je me suis enfermé dans mon monde ; j'éprouvais une grande solitude qui me rendait furieux parce que je ne voulais qu'une chose, être « normal ».

À quinze ans, j'ai raconté à mes parents ce que je ressentais : j'étais déprimé, paranoïaque et différent. J'avais des crises d'anxiété, j'agissais d'une manière étrange, je souffrais de troubles obsessionnels compulsifs dont je constatais bien l'illogisme, et j'avais besoin de me sentir en sécurité. J'entendais des voix me dicter des idées dégradantes, négatives et manipulatrices. Mon mental, mes émotions s'accéléraient, et j'avais de la difficulté à fixer mon attention sur quoi que ce soit et à me contrôler. Bref, je me sentais comme un ressort. J'avais l'impression de devoir contenir une énergie de 10 000 volts dans un corps qui pouvait à peine en prendre la moitié. En d'autres mots, j'étais un fil conducteur sans mise à la terre. J'avais des tics et la maladie de Gilles de la Tourette. Mes parents m'ont amené voir de nombreux médecins.

Je compensais ce mal-être par l'humour en devenant le bouffon de la classe et je préférais être puni plutôt que de ne recevoir aucune attention de la part de mes pairs. Il fallait absolument que je fasse quelque chose pour faire rire les autres. En fait, quand je réussissais, je me sentais membre de cette planète, on me remarquait, j'avais une place, ma place.

En d'autres circonstances, je restais là, assis, et j'imaginais divers scénarios, des pièces de théâtre où je pouvais incarner tous les personnages que je voulais. Il m'arrivait alors d'être pris d'un fou rire hystérique, et quand on cherchait à savoir ce qui m'amusait tant, personne ne comprenait ce que je racontais.

Dans la peau du pitre, j'oubliais tout, cela me faisait du bien. Cependant, mes sautes d'humeur survenaient sans crier gare et j'étais si imprévisible qu'on me traitait de psychopathe, de fou ou d'autres noms de ce genre. Je le croyais aussi. Voilà comment je me sentais. Je pensais ne jamais sortir de cette prison qui m'écrasait. Quelques médicaments m'aidaient, du moins au début, mais au bout d'un certain temps, ils n'avaient plus d'effet sur moi. À quinze ans, un des plus grands spécialistes de la maladie de Gilles de la Tourette nous a annoncé, à mes parents et à moi, que j'étais le cas le plus étrange qu'il avait jamais vu. « On dirait que sitôt que l'on règle un problème, il en surgit d'autres ailleurs. Un véritable champ de mines. Je n'ai jamais vu un cas pareil de toute ma vie. »

J'avoue qu'à cette époque, j'étais fier qu'on n'arrive pas à me cataloguer parce qu'il me semblait alors qu'il y avait encore de l'espoir. La médication n'enlevait ni ne contrôlait toute la douleur ou la confusion que j'éprouvais, mais j'avais découvert que l'alcool m'y aidait. Je m'enfermais donc dans ma chambre pour y noyer mes problèmes. Cela m'assommait, et je me sentais en lieu sûr, dans un endroit sécurisant, familier, dans un monde qui m'était toujours accessible. La cigarette était un autre exutoire ; elle me donnait l'impression d'être au moins un peu normal.

À seize ans, je suis devenu carrément hyperactif et on m'a donné un nouveau médicament. Un soir, j'étais si nerveux que ma mère a appelé le médecin, qui lui a conseillé de doubler la dose, ce qui eut pour effet de me rendre deux fois plus nerveux. J'ai alors téléphoné à un autre médecin, qui m'a fait comprendre que les médicaments étaient responsables de cet état de surexcitation. J'étais littéralement un volcan prêt à exploser et j'ai supplié ma mère de m'acheter de l'alcool pour m'assommer. C'était insupportable, et la mort me semblait une délivrance par rapport à cet enfer que je vivais. Je me sentais emprisonné dans mon corps.

En dernière année du secondaire, j'étais tellement désespéré que j'ai demandé à être envoyé à l'hôpital psychiatrique. Mon thérapeute le recommandait et j'étais d'accord, sans savoir où cela allait me mener. Je me retrouvais donc parmi vingt-cinq enfants dont l'âge variait de dix à dix-huit ans. En fait, je me sentais assez bien quand je voyais la quantité de problèmes et de situations difficiles auxquels les autres avaient à faire face. La première fois, j'y suis resté un mois. Au bout de quelques jours, je m'étonnais de constater que les autres enfants venaient vers moi quand ils se sentaient mal. Ils me racontaient leurs problèmes et prenaient mes conseils à la lettre. Cette popularité ne plaisait pas au personnel hospitalier qui se demandait bien comment un « fou » pouvait en aider d'autres. Ils me reflétaient la prison intérieure que je m'étais bâtie. C'est d'ailleurs à ce moment-là que j'ai eu vraiment peur.

Un soir, la réalité me bondit au visage : j'ai alors compris où j'étais et où j'en étais ; j'ai pleuré, répétant sans cesse « Pourquoi moi ? ». Le premier jour, j'ai été témoin de quatre patients en crise ; ils étaient hors d'eux-mêmes. Les infirmiers les ont maîtrisés au sol, leur ont injecté de la thorazine, les ont attachés sur des lits et isolés jusqu'à ce qu'ils se calment. Ensuite, ils les ont mis en liberté surveillée : ils étaient privés de visite, de téléphone, de télévision. Ils devaient rester cloîtrés dans leur chambre et laisser la porte ouverte de façon à être sous surveillance toute la journée. Comme j'appréciais grandement ma liberté, j'ai fait en sorte que ce genre de situation ne m'arrive jamais.

Ce qui me frustrait le plus dans tout cela était de voir que ceux qui établissaient les règles de discipline avaient eux-mêmes de graves problèmes. Je le percevais clairement, car j'ai ce don de pouvoir « lire » les gens. Par ailleurs, ma famille et mes copains de l'école me rendaient visite, ce qui m'était d'un grand réconfort. J'ai passé mon dix-huitième anniversaire à l'hôpital et j'ai même raté la remise des diplômes. Je ne me sentais pas un homme et j'avais toutes les raisons du monde de m'apitoyer sur mon sort. Je me souviens de m'être dit : « Je vais surmonter cette épreuve et alors j'enseignerai aux autres enfants à s'en sortir. Je sais que je peux y arriver. »

Lorsque j'ai finalement obtenu mon diplôme de secondaire et que j'ai décidé de ne pas poursuivre mes études, mes parents ont compris et accepté ma décision. J'ai étudié par moi-même. J'ai d'abord été attiré par les livres de magie, puis par la psychologie, la spiritualité et le *channeling*. J'avais besoin de cette ouverture de conscience qui m'a donné espoir et convaincu que les choses étaient comme elles devaient être.

Quand j'étais seul dans ma chambre ou à la maison, j'avais

l'impression qu'on m'observait, que chacun de mes gestes était analysé et enregistré sur une bande invisible. C'est pour cette raison que j'aimais me réfugier en forêt, et simplement « être » là, seul, me faisait du bien. Pour moi, c'était le meilleur moyen de retrouver mon équilibre quand je ne savais plus qui j'étais.

Un autre aspect que je trouvais particulièrement difficile était de ressentir cette colère et cette rage incroyables qui m'ont accompagné durant mon enfance et mon adolescence lorsque j'exprimais ce que je ressentais, parce que personne ne me comprenait. À un moment, n'en pouvant plus, j'ai cessé d'exprimer mes sentiments. J'avais l'impression d'être sur une autre fréquence et cela me rendait furieux. J'aurais lancé des objets, j'aurais frappé ou engueulé quelqu'un pour soulager ma colère.

En fait, ma conscience était en pleine explosion, et comme je déviais de la norme, on me droguait pour me restreindre aux limites établies. Mais j'étais en expansion et personne ne pouvait ni me contrôler ni me contenir. J'étais et je suis toujours en expansion. Voilà ce que l'on ressent quand on est indigo.

L'une des expériences les plus extraordinaires que j'aie vécue a été la EMF Balancing Technique® de Peggy Dubro[89], une technique de reconnexion électromagnétique du corps. Après la première phase, je me suis senti très différent à l'intérieur ; c'était, je dirais même, le jour et la nuit. J'avais l'impression que tous mes circuits étaient complets et que tout se remettait en place. Je me sentais « branché », beaucoup plus en contrôle et équilibré.

J'éprouvais une paix intérieure et j'arrivais non seulement à contenir et à comprendre mes sentiments mais aussi à liquider mes émotions négatives. Ma mauvaise humeur passait comme un nuage dans le ciel et le soleil revenait. Pour moi, la EMF Balancing est logique et, à mon avis, tous les indigo devraient apprendre cette technique. J'irais même jusqu'à dire que tout être humain devrait l'expérimenter afin de se sentir mieux dans sa peau et de reprendre son pouvoir sur sa vie.

La découverte de l'algue Blue Green fut pour moi une autre révélation. Déjà, après trois jours, ma vie a commencé à changer. J'avais l'impression que tous mes circuits se rebranchaient et que mon corps s'ajustait pour s'adapter à ce nouveau moi. Je me sentais calme et en contrôle, ma concentration s'améliorait en même temps que ma mémoire et mon énergie. J'éprouvais une sensation nouvelle de puissance intérieure et me sentais plus paisible et équilibré qu'avant. Cet aliment m'a véritablement sauvé la vie. Je le recommande vraiment à tous les indigo.

Les moments de solitude sont très importants pour moi. En effet, quand je suis seul, je m'ouvre comme une fleur. Mon endroit de prédilection est un centre dans la nature près de chez moi. Là, je sors de la routine quotidienne et je peux observer ma vie de façon détachée, en témoin, comme un film. Quand je ne me donne pas cet espace, je ne peux voir que ce qui m'entoure et alors, je deviens confus et frustré. Par contre, la solitude m'apporte le recul nécessaire pour avoir une vision globale et plus claire de ma vie, comme les défis à relever et les épreuves dans l'un ou l'autre aspect de mon existence. Je retrouve le sentier dans la forêt et la direction vers laquelle il me mène. J'en repère les impasses et les déblayages qu'il me reste à faire.

La nature me rapproche des gens, des choses et surtout de mon cœur. Quand un événement ou une personne m'irrite ou me blesse, je peux y faire face avec détachement, sans jugement. Je me sens bien parmi les autres, mais quand je suis seul, quelque chose de magique se produit : mon intuition s'amplifie et je sens que je contrôle ma vie. Au retour, j'aborde la routine quotidienne avec une attitude nouvelle, une conscience plus affinée qui m'aide à gérer les situations qui se présentent.

Je crois qu'il est très important de respecter le besoin d'espace et d'intimité des autres. Quand je me retrouve seul dans les bois, je peux me permettre d'être totalement moi-même. J'aime parler aux arbres et aux objets qui m'entourent ; ils écoutent et m'aiment pour ce que je suis. Comme il est agréable « d'être » tout simplement et de savoir que personne ne me juge. Toute ma vie, je me suis senti jugé, très différent des autres.

Si j'avais un enfant indigo, je lui donnerais vite des super-aliments purs dont les vibrations sont élevées, comme l'algue Blue Green. Je lui enseignerais des techniques pour être mieux branché et lui ferais connaître la EMF Balancing Technique. Je veillerais aussi à ce qu'il ait conscience d'être unique, ce qui est un cadeau et non un fardeau ou une malédiction.

Je ne l'enverrais probablement pas à l'école mais j'essaierais, avec l'aide d'autres parents, de former un groupe et d'enseigner aux enfants ce dont ils ont vraiment besoin, c'est-à-dire la spiritualité. Ils découvriraient qui ils sont ; ils apprendraient à s'exprimer, à se libérer de la colère, à atteindre la confiance en soi, à grandir intérieurement, à cultiver l'amour de soi et des autres, à développer leur intuition. L'école m'a terriblement ennuyé ; rien ne me semblait sensé, comme le fait d'étudier les événements du passé. J'avais de la difficulté à gérer le présent, et l'avenir me paraissait assez sombre.

Il faut absolument repenser tout le système scolaire, car il est ridicule de traiter des êtres humains évolués comme des voyous. On doit veiller à ce que les enseignants soient bien formés et équilibrés parce que nombre d'entre eux se défoulent sur les enfants. La même règle s'applique aux hôpitaux psychiatriques, où l'on pourrait amener les patients à se connecter à la terre au lieu de leur faire avaler des tas de médicaments et de les isoler les uns des autres.

Les indigo possèdent beaucoup d'autres outils pour déblayer leur chemin. Alors que les autres se servent d'une pelle pour tracer leur route, les indigo fraient leur chemin avec un tracteur ou une charrue. Ils peuvent donc aller plus vite, creuser plus profondément, mais parfois aussi tomber dans les abîmes et s'ils sont déséquilibrés, ces talents peuvent se retourner contre eux.

Nous tenons à préciser que Ryan ne connaissait pas le contenu du livre avant sa publication. Nous souhaitions recueillir ses commentaires parce que nous avions entendu parler de son cas, mais nous ne l'avons influencé d'aucune manière. Son récit traduit vraiment son vécu, comme vous l'avez d'ailleurs sans doute ressenti. Il vous a parlé de son « expansion », de l'incompréhension que son entourage lui témoignait malgré ses explications. C'est ce que ressentent tous les indigo. Que dire de son sens humanitaire ? À l'hôpital psychiatrique, il aidait les autres patients qui lui faisaient confiance. Il se disait également : « Je vais surmonter cette épreuve et alors j'enseignerai aux autres enfants à s'en sortir. Je sais que je peux y arriver. » Il sait qu'il peut aider les autres et sent intuitivement que d'autres enfants éprouvent les mêmes difficultés que lui.

Ryan vivait constamment dans le ici-maintenant. Il était centré sur ce qui est et non sur ce qui sera. C'est là une autre caractéristique des indigo et la raison pour laquelle ils ne peuvent voir les conséquences de leurs actions. Il nous a fourni plusieurs exemples de l'importance du moment présent : le scénario des cadeaux de Noël, celui des bonbons, le désir « d'être » tout simplement, ce besoin impérieux de solitude. Cette attitude témoigne d'une expansion de la conscience qui se manifeste généralement beaucoup plus tard dans la vie, et ce don lui a valu d'être étiqueté d'être « bizarre ». Il a aussi ajouté : « J'étais et je suis constamment en expansion. Voilà ce que l'on ressent quand on est indigo. »

Ryan pouvait « lire » les autres. Il n'a pas élaboré sur ce point parce que beaucoup ont encore l'impression que c'est là un phénomène étrange. Pour nous, il s'agit simplement de cette capacité à percevoir l'énergie qui entoure les gens et à prendre des décisions en fonction de ces perceptions. Certains appellent cela intuition. Il en avait beaucoup et il éprouvait de la frustration parce qu'il « voyait » que ses professeurs et les médecins étaient déséquilibrés. Quel précieux cadeau ou... quel boulet s'il n'est pas compris !

Ce jeune homme se sentait évolué mais souffrait que personne ne le reconnaisse. Rappelez-vous ce que nous avons mentionné plus tôt au sujet des indigo qui naissent avec ce sentiment de majesté. Ryan a dit : « Je me sentais littéralement comme un roi, travaillant pour un paysan, considéré comme un esclave. » L'école lui a laissé un souvenir amer : c'est un bien long voyage quand personne ne reconnaît qui vous êtes.

La mention de l'algue Blue Green et de la EMF Balancing Technique a été une révélation, car nous ne savions pas du tout qu'il avait utilisé ces ressources. Elles ont dû beaucoup l'aider parce qu'il en a bien vanté les mérites.

Vous aimerez probablement apprendre que les parents de Ryan ont survécu et qu'aujourd'hui, ils sont heureux d'avoir un fils aimant, équilibré, bien établi, qui aime la vie et qui est devenu leur meilleur ami. Il y a donc de l'espoir pour vous aussi, si quelque part dans votre vie, il existe un cas désespéré. Ne baissez jamais les bras !

Nous avons également reçu une lettre sympathique de Cathy, une autre indigo.

> J'ai seize ans et je crois que je suis « éclairée ». J'éprouve de la frustration à essayer de comprendre les actions, les pensées et les sentiments des autres jeunes de mon âge. Je viens tout juste de rencontrer un garçon avec qui je peux échanger et qui vit la même chose que moi. Je suis tellement heureuse et étonnée de rencontrer quelqu'un que j'ai toujours cherché et avec qui je peux partager mes expériences.
>
> Je viens à peine de terminer la lecture de votre chapitre sur les indigo et je me sens incroyablement soulagée de savoir qu'il y a d'autres enfants et adolescents aussi frustrés que moi.
>
> Le simple fait de vous écrire et de me sentir comprise me donne espoir. Recevez-vous beaucoup de lettres de jeunes de mon âge ? Je ne sais trop quoi faire maintenant. Je suppose que je dois suivre mon chemin et voir où il me mène.

Tout comme celle de Ryan, cette courte lettre nous est parvenue en réaction au chapitre sur les indigo, dans mon dernier livre *Partenaire avec le Divin.* Cathy ne dit pas qu'elle est intelligente mais « éclairée ». Elle a découvert cette information d'elle-même en lisant un livre de métaphysique destiné aux adultes. Elle cherche aussi à savoir si d'autres jeunes vivent la même situation qu'elle. Enfin, elle est très heureuse d'avoir trouvé un ami de son âge vivant la même situation parce que la majorité des autres jeunes de son âge ne la comprennent pas. Si Cathy est une indigo (et nous croyons qu'elle l'est), elle doit se sentir bien seule. La plupart des indigo ont entre six et dix ans, ce qui en fait une autre précurseure, comme la personne qui suit.

L'AMOUR, SEULEMENT L'AMOUR
par Candice Creelman

Quand j'étais toute petite, je savais que j'étais différente des autres sans toutefois pouvoir préciser de quelle manière. Je me souviens très clairement de ma première journée à la maternelle : je me suis approchée du groupe qui entourait l'éducatrice. J'ai immédiatement ressenti quelque chose de très étrange : je ne me sentais pas à ma place. Dès le départ, les autres enfants ont commencé à me traiter comme si j'étais d'un autre monde ou bizarre. J'ai oublié ce qu'ils racontaient à mon égard, mais je me rappelle qu'ils me laissaient sentir que je ne méritais pas de faire partie du groupe et que je n'y avais donc pas ma place. Ce rejet, je l'ai vécu aussi au secondaire, à l'université et ensuite dans le « vrai » monde.

L'école a toujours été un problème pour moi, non seulement parce que l'on me rejetait et que l'on me considérait comme différente des autres, mais surtout parce que je savais qu'une grande partie de ce que l'on m'enseignait était de la foutaise et ne me servirait à rien. En dépit de toutes les tentatives des adultes pour me convaincre du contraire, je savais dès le départ que les matières scolaires n'avaient rien à voir avec la vraie vie et me seraient à peu près inutiles. Mis à part la lecture, l'écriture, les mathématiques et un petit aperçu de ce qui se passe dans le monde, on nous bourrait le crâne de choses futiles et inutiles. Les années allaient corroborer la justesse de ma jeune intuition. Au fur et à mesure que j'avançais dans mes études, ce qui m'énervait le plus était le fait qu'on nous apprenait à restituer telles quelles les matières que les professeurs et leurs prédécesseurs nous avaient enseignées, sans oser les remettre en question ou en analyser la pertinence actuelle. Je ne voyais vraiment pas comment tout cela allait m'être utile dans le futur.

Puisque l'école me frustrait et m'ennuyait terriblement, je ne réussissais pas bien. En fait, j'ai eu de la chance de terminer mes études. Au secondaire, mes notes finales dépassaient à peine le minimum requis, et je me suis efforcée d'obtenir la note de passage pour ne pas être ridiculisée par le groupe une fois de plus. Ces sentiments m'ont quand même poursuivie jusqu'à l'université et ils sont toujours présents.

Mes parents m'aimaient beaucoup mais ils étaient loin de se douter de ce que je vivais intérieurement. Ma mère me disait parfois : « On fait toujours rire de soi un jour ou l'autre » ou « Les enfants peuvent être cruels ». La meilleure réflexion entendue, qui me fait encore bien rire d'ailleurs, est : « Ne fais pas attention à ce qu'ils disent et ils finiront par te laisser tranquille. » D'abord, c'est faux et ensuite, c'est plus facile à dire qu'à subir. Non seulement ils ne me laissaient pas tranquilles, mais ils se moquaient encore davantage quand j'allais m'asseoir seule dans un coin pour avoir la paix.

Au lieu de vivre ma jeunesse comme les autres enfants et de sortir avec les copains, je restais au sous-sol à écouter de la musique, ce qui d'ailleurs m'a aidée à survivre à ce cauchemar. Ce fut le seul point positif, car je fais aujourd'hui carrière dans le domaine musical. Inutile de vous dire que j'avais une très pauvre estime de moi-même. Je combats toujours ces vieilles voix intérieures qui me rappelaient sans cesse que j'étais une perdante, une ratée. Récemment, j'ai fait une retraite, et là non plus, je ne me sentais pas à l'aise avec le groupe ; pendant ce séjour, j'ai revu mes années à l'école. J'ai compris que les cicatrices sont encore là. Heureusement, j'ai maintenant développé des outils qui me permettent de faire face à ces souvenirs pénibles et de les guérir.

Juste avant la remise des diplômes du secondaire, j'ai pris

mon courage à deux mains et j'ai demandé à quelqu'un de m'expliquer pourquoi on m'avait toujours traitée de cette façon à l'école. J'étais dehors, à la porte de l'école dans la petite ville d'Alberta, une banlieue d'Edmonton, lorsque j'ai aperçu une fille qui a fait tout le primaire et le secondaire avec moi. Tout à coup, je me suis entendue lui demander : « Tu as vu comment on m'a traitée à l'école depuis le début, n'est-ce pas ? » Elle m'a regardée d'un air absent, prétendant ne pas savoir de quoi je parlais. À force d'insister, elle a fini par avouer. « Pourquoi ? lui ai-je demandé ? Qu'ai-je donc fait de si horrible pour que vous agissiez de la sorte ?

Elle a détourné le regard, essayant d'échapper à ma question. Quand elle s'est sentie coincée, elle a commencé à réfléchir. Tout ce qu'elle a su dire a été : « Parce que tu étais différente. » À ce moment-là, tout ce que j'ai pu lui répondre fut : « Mais que veux-tu dire ? Qu'entends-tu pas *différente* ? » Et même si je l'étais, pourquoi les gens devaient-ils se conduire envers moi si horriblement pendant toutes ces années ? »

À cette époque, je ne savais ni comment ni pourquoi je n'étais pas comme les autres, mais depuis quelques mois, je commence à en avoir une bonne idée. J'apprécie maintenant ces expériences qui m'ont rendue plus forte même si elles étaient terrifiantes au moment où je les ai vécues. J'ai passé mon enfance et mon adolescence dans la solitude, avec l'impression de n'avoir de place nulle part ni personne avec qui me lier d'amitié. C'est ce qui m'a amenée à déménager à Toronto, à l'autre bout du pays, où je suis restée deux ans et demi. Cependant, l'été dernier, j'ai été forcée de retourner à Edmonton puisque ma mère était malade. En fin de compte, ce fut le meilleur été de ma vie parce que j'ai enfin réussi à oublier le passé.

Cela m'a permis de m'intérioriser et j'ai trouvé un groupe de personnes avec lesquelles j'ai des affinités. Jusqu'ici, j'avais le sentiment d'être de trop partout. Aujourd'hui, mes nouveaux amis m'ont aidée à donner un sens à ma vie et à retrouver ma confiance en moi. Maintenant, j'apprends à ne plus me cacher, à être qui je suis véritablement. Depuis mon retour à Toronto, je me sens entière et j'ai retrouvé mon plein pouvoir. Je me suis réapproprié ma vie, quoi !

Revenir à Toronto a été une décision difficile. Là-bas, en Alberta, je m'identifiais à un groupe. Par contre, je sentais aussi très clairement que j'avais des choses à faire ici, à Toronto. J'ai appris qu'on ne peut fuir ses fantômes parce que, tôt ou tard, ils nous rattrapent au détour. Ce fut le cas, cet été-là, à Edmonton. J'ai beaucoup appris sur mon passé et sur son véritable sens.

La découverte du phénomène indigo m'a apporté beaucoup de réponses et m'a aidée à comprendre ce que je suis, qui je suis et pourquoi je suis ici, à cette époque. Cela m'a permis de cicatriser les blessures du passé, de passer à une autre étape et de continuer à cheminer en toute confiance. J'ai choisi de consacrer toute cette énergie inexploitée à la musique et d'écrire ce que je trouve important dans la vie aujourd'hui.

Il m'est arrivé très souvent de sentir de la résistance de la part des personnes à qui je confiais mon sentiment d'être « en avance » sur les autres, c'est-à-dire en avant de mon temps. Au cours de ma vie, ce que j'ai appris, expérimenté et ressenti dépasse ce que la majorité des gens peuvent à peine imaginer. Ces partages m'ont amené beaucoup de frustration et de chagrin. En fait, j'ai commis l'erreur de les communiquer à des personnes qui ne comprenaient pas et qui me renvoyaient l'image de quelqu'un qui était complètement en dehors de la voie. D'une part, selon eux, j'étais trop jeune pour posséder cette forme de sagesse et, d'autre part, j'étais prétentieuse de me croire plus avancée que les spécialistes en la matière.

À mon avis, l'expérience n'a rien à voir avec la sagesse. « La sagesse n'attend pas le nombre des années », dit le proverbe. C'est l'ouverture d'esprit qui rend sage et non l'âge.

Cet été-là, à Edmonton, j'ai fait un bond en avant dans mon cheminement spirituel, particulièrement dans le cours de Maître Reiki, où j'ai même dépassé ceux qui le pratiquaient depuis des années. J'ai suivi tous mes cours en une année. Mon erreur, si cela en fut une, a été d'en parler, ce qui en a choqué plus d'un. Plusieurs collègues ont essayé de me faire comprendre que je n'avais pas saisi les subtilités du séminaire, mais moi je savais que c'était faux. J'ai apprécié ce cours mais, pour moi, il était plutôt élémentaire.

Bien sûr, quand je m'exprime de cette façon, on me lance que mon ego me dicte ces commentaires. Cet été, j'ai vécu la même situation avec un autre professeur, qui m'a également reproché d'être égoïste. Il m'est vraiment tombé dessus et a ébranlé ma confiance. Finalement, tout ce que je sais est ce que je sais, et je n'ai aucun moyen de prouver mes affirmations.

Je n'accorde pas une grande importance au fait d'être indigo. Si je l'affirme, c'est uniquement pour apporter ma contribution à ce livre, pour que d'autres personnes comprennent de quoi il s'agit. Cela m'aide aussi à donner un sens à mon vécu passé et présent. Autrefois, je considérais ce phénomène comme un fardeau et je détestais être différente des autres. Aujourd'hui, je m'en réjouis parce que je comprends et je peux l'aborder comme une aventure. Je m'éveille chaque matin débordante de joie et d'enthousiasme comme l'enfant au matin de Noël, et j'avoue que je n'aurais jamais pensé revivre ces émotions. Je suis là, appréciant chaque jour qui passe, savourant la vie et ses cadeaux. Nous pouvons tous éprouver ces sentiments profonds, mais il semble que les enfants indigo y parviennent bien avant les autres.

Le meilleur conseil que je puisse donner à tous ceux qui côtoient les indigo est sans doute de leur offrir votre compréhension. Ils ont vraiment besoin de votre amour et de votre soutien, et ils ne peuvent être équilibrés si vous les mettez à l'écart ou les traitez comme des êtres étranges. Nous avons besoin de nous savoir aimés, appuyés et importants à vos yeux. Cet appui nous permet de vivre ce que nous sommes véritablement sans éprouver de honte face à notre « différence ». Toute ma vie, je n'ai souhaité qu'une chose : savoir que l'on m'aime et que je suis spéciale. J'ai besoin qu'on me le fasse sentir non pas d'une façon condescendante, mais d'une manière qui me rappelle ma mission sur cette terre et m'aide à la réaliser. N'est-ce pas d'ailleurs ce que nous attendons tous ?

Nous n'avons que faire de ceux qui nous pointent du doigt en disant : « Un indigo ? Intéressant ! Voyons ce phénomène de plus près. » Dites-nous plutôt que nous pouvons être qui nous sommes véritablement et que vous nous acceptez et nous aimez ainsi. La chanson qui décrit le mieux cela est *All you Need is Love*, qui s'applique à tous et non pas seulement aux indigo. Elle devrait être la chanson thème de la planète à l'aube du nouveau millénaire parce que l'amour est notre seule mission, et joindre le ciel et la terre, notre seul but. Il y a déjà un immense mouvement dans ce sens qu'encore trop peu de personnes peuvent voir, mais les indigo le savent et le voient parce qu'il est là, à nos portes. Alors, ayez foi et il en sera ainsi.

Candice, aussi dans la vingtaine, a plusieurs choses en commun avec Ryan et la plupart des indigo. Vous vous rappelez ce qu'elle a dit à propos de son sentiment d'être « différente » ? Le fait de se sentir mise à l'écart à cause de cette sagesse et de cette maturité qu'elle démontrait l'a beaucoup marquée. Vous aurez sans doute aussi entendu son amertume par rapport à l'école. Nous n'avons d'ailleurs pas fini d'entendre parler du système d'éducation actuel. Selon de nombreux professeurs et éducateurs, la remise en question est déjà amorcée.

Tout comme Ryan, Candice se sentait « éclairée » ; elle possédait déjà la connaissance de techniques de sagesse ancienne que des étudiants plus âgés ou plus expérimentés s'efforçaient d'acquérir. C'est là un autre trait propre aux indigo : ils ont toujours une bonne longueur d'avance, prêts dès le début à passer à l'étape suivante. Ils s'ennuient et, souvent, ils abandonnent. À quoi bon continuer puisqu'ils ont déjà tout saisi ? Ce n'est pas seulement une question d'intelligence, c'est une sagesse innée. Le témoignage de Candice regorge d'exemples et, chaque fois, elle spécifie qu'il ne s'agit pas d'un jeu créé par son ego ; c'est simplement ainsi qu'elle ressent et vit les choses, sans prétention.

Comme Ryan, elle trouvait réconfort dans la solitude, où elle se sentait en contrôle et pouvait vivre à son rythme et se protéger de ceux qui la rejetaient et dont les commentaires affectaient la confiance en sa propre valeur. Même si les indigo, comme l'expliquait Ryan, se sentent en « expansion », le rejet peut annihiler cet aspect important de leur personnalité. Ils l'ont tous deux vécu mais, heureusement, ils ont su retrouver leur équilibre.

Ces deux jeunes ont reconnu qu'ils auraient mieux fait de se taire et de laisser les autres découvrir leur véritable identité, car partager leurs sentiments leur a valu d'être rejetés par leurs pairs. Il nous est difficile d'imaginer la souffrance qu'ils ont éprouvée.

Il est intéressant de noter que Ryan, Cathy et Candice ont tous trois fait d'eux-mêmes une démarche spirituelle. Leur amour est spirituel et ils sont attirés par les principes d'amour universel parce qu'ils les comprennent et que ces principes sont profondément inscrits dans leur nature. C'est d'ailleurs une autre caractéristique des indigo.

Candice, comme la plupart des collaborateurs de ce livre, considère que seul l'amour peut les réconforter. Un autre témoignage, d'une fillette de sept ans, Samara Gerard, nous a rappelé avec sagesse que le respect mutuel constitue la base fondamentale de l'amour. Le désir d'amour et de respect de Candice dépassait tout autre souhait. Le message qu'elle nous adresse à tous ? *Aimer les enfants indigo.*

Chapitre six

Sommaire

Message de Jan Tober

En effectuant notre recherche sur les enfants indigo, une évidence s'est clairement manifestée : bien que le phénomène des indigo soit relativement récent, la grande sagesse de ces enfants nous enseigne une façon nouvelle d'être, empreinte d'amour, non seulement envers eux mais aussi envers tous nos frères.

Lee et moi croyions que ce livre traiterait d'enfants, de parents, de grands-parents, d'enseignants, de conseillers. En réalité, il s'adresse à nous tous. Les enfants du troisième millénaire nous demandent de rayer de notre vocabulaire des mots tels que *culpabilité* et *victime* et de les remplacer par *espoir*, *compassion* et *amour inconditionnel*. Ce n'est rien de nouveau mais les petits nous donnent l'occasion de les mettre en pratique, mieux encore, de les vivre.

Ils nous ouvrent la voie à un nouveau mode de vie, à une façon différente de les percevoir et, du coup, de nous percevoir. Ils portent en eux ce cadeau divin, celui :

- de nous rappeler d'être présents et de vivre ici-maintenant dans toutes nos relations avec les autres et avec nous-mêmes ;
- de nous demander d'assumer la responsabilité de nos paroles et de nos projections, conscientes et inconscientes ;
- de prendre en charge notre propre vie ;
- de réveiller et de refléter notre grandeur, notre noblesse. Ne sommes-nous pas tous des êtres spirituels vivant une expérience physique sur terre ?

Enfin, les indigo nous offrent un autre merveilleux cadeau : en apprenant à les honorer et à respecter leur cheminement, à devenir de meilleurs parents, nous apprenons en même temps à honorer et à respecter l'enfant intérieur que nous portons tous en nous. Les enfants nous invitent au jeu : si vous n'avez pas le temps de jouer, trouvez-le. Vous devez créer cet espace parce qu'il ne nous est pas donné de façon automatique. Si nous sommes devenus sérieux au point que nous ne savons plus jouer, rire, bâtir des cabanes sous la table, courir sous la pluie avec le chien, sauter dans les flaques d'eau, alors nous avons oublié qui nous sommes. Un sage a dit un jour : « Ce qui importe, ce n'est pas le cadeau qu'on nous donne, mais ce que nous en faisons. »

En conclusion, permettez-moi de partager ce qui suit avec vous.

Enfants de la Lumière

Texte dédié à tous les enfants...
par un auteur inconnu

L'heure du Grand Éveil a sonné. Vous qui avez choisi d'émerger de l'ombre vers la Lumière, soyez bénis, car il vous est offert d'assister à la naissance d'un jour nouveau sur la planète Terre parce que votre cœur aspire à installer la paix là où règne la guerre, à témoigner de la compassion à ceux que la cruauté écrase, à deviner l'amour dans l'âme de ceux que la peur a pétrifiés.

La Terre est un cadeau du ciel : elle est votre Mère, votre Amie. Souvenez-vous du lien qui vous unit et respectez-le. C'est un être qui vit, respire, aime comme vous, par vous, pour vous. Elle ressent l'amour que vous semez en foulant son sol d'un cœur léger.

Le Créateur a choisi vos mains pour les tendre au délaissé, vous a donné des yeux pour voir l'innocence et non la culpabilité, et vos lèvres pour prononcer des mots de réconfort. Que la douleur s'évanouisse ! Vous avez erré dans les sentiers de l'ombre déjà trop longtemps. Entrez dans la Lumière et proclamez la Vérité. Le monde souffre non pas à cause du mal, mais faute de reconnaître le bien et le beau. Libérez-vous de la crainte maintenant et pour toujours, et laissez la Lumière la transmuter. Vous détenez ce pouvoir.

Seuls vous-mêmes pouvez vous connaître. Vous portez en vous les réponses à toutes vos questions. Transmettez ce qu'on vous a appris. Que votre compréhension et votre compassion guident ce monde épuisé et souffrant vers le havre paisible de la conscience nouvelle.

Voici enfin la vision devenue réalité, la réponse à vos prières, la mélodie qui calme et redonne vie à l'âme fatiguée. Il vous est donné un pont pour retrouver vos frères et vos sœurs. Reconnaissez votre Moi divin ; admirez sa beauté et laissez-vous emplir de cette Lumière qui guide votre chemin. L'Amour véritable émane de vous, et chaque pensée que vous nourrissez est une bénédiction pour l'univers entier.

Tout plan de votre existence sera régénéré. Vous brillerez comme l'or au soleil et cette lumière parlera du Créateur qui vous a créés dans sa sagesse et sa gloire. Le passé se dissipera comme un mauvais rêve, et votre joie sera telle que vous en oublierez la nuit.

Mon enfant, avance dans la joie et sois un messager d'espoir. Que ta reconnaissance inspire le désir de guérison chez ceux que tu croises, et ils suivront ta voie. En franchissant le seuil de tes limites, tu retrouveras tous tes frères et sœurs que tu croyais perdus parce qu'aux yeux du Créateur, aucun être ne peut oublier ses origines. Emprunte le chemin du pardon, et la bonté qui fleurira ton parcours te fera verser des larmes de joie.

Poursuis ta route et deviens l'âme radieuse que tu es. Glorifie le Créateur dans chacune de tes actions. Tu es important, et la Terre a besoin de toi. Ne laisse pas le voile de la nuit dérober la Lumière à ton regard. Tu n'es pas né pour l'échec ; tu es destiné au succès. Ton cœur porte la semence d'espoir du monde et tu ne peux échouer quand tu représentes Celui qui t'a conçu.

Ainsi s'accomplira la guérison de cette planète Terre.

Abandonne tes doutes et tes craintes, car maintenant tu sais que la guérison est assurée au cœur qui rayonne l'Amour.

Message de Lee Carroll

Après un septième livre, l'écriture n'a plus de secrets pour moi. Ce qui distingue ce dernier, cependant, c'est ce qui se cache derrière tous ces mots, l'expérience profonde de ces enfants en détresse qui ont créé ces pensées et attiré notre attention.

Durant nos séminaires, nous nous réservons des moments pour permettre un contact personnel avec les participants qui souhaitent nous témoigner leur affection ou partager avec nous leurs problèmes et leurs joies. Combien de parents nous prient d'envoyer de l'énergie à leur fils ou à leur fille indigo qui éprouve de la difficulté à la maison ou à l'école ! Les enseignants nous demandent constamment ce qu'ils peuvent faire. Il n'est pas facile de répondre à cette question, chaque cas étant particulier et en même temps semblable aux autres. Des éducateurs en garderies rapportent que certains enfants semblent utiliser de nouveaux paradigmes pour le jeu et des modes d'interaction jamais vus à ces âges.

Par ailleurs, des infirmières et des thérapeutes travaillant auprès des enfants nous rapportent des faits incroyables à propos d'indigo qui soutiennent et consolent des enfants malades ou à l'article de la mort. Certaines de ces anecdotes, qui arrachent les larmes, racontent ce que font et disent les enfants malades ou mourants. On retrouve bien là la grandeur d'âme de ces petits êtres qui, dans ces circonstances, peuvent enfin se permettre d'être, sans masque, sachant que là, on ne leur reprochera pas leur « différence ». Peu d'adultes sont présents, et les autres enfants sont trop faibles pour se rendre compte de ce qui se passe. Alors, ils organisent des jeux, prodiguent leur amour et même des conseils à de plus vieux qu'eux.

Ils restent au chevet d'enfants gravement malades ou agonisants, leur tiennent compagnie en leur offrant amour et réconfort. Ainsi rencontrent-ils d'autres enfants trop faibles ou trop malades pour s'interroger sur ces « êtres bizarres ». Ils poursuivent leur ronde jusqu'au jour où, à leur tour, ils deviennent trop malades ; alors, comme les autres, ils restent là, dans leur petit lit. Nous n'avons pas voulu aborder cet aspect dans notre livre parce que, pour certains d'entre nous, il est trop pénible de faire des observations dans de telles circonstances. Nous sentons que ce n'est pas notre place. Par contre, des infirmières et des thérapeutes témoignent et nous parlent de ces « nouveaux enfants ».

Il arrive que des enfants assistent à nos séminaires. Parfois, ils n'ont que six ans et demandent s'ils peuvent venir. Un jour, après la conférence, un petit garçon s'est présenté ; il était impatient de voir si je le « reconnaissais ». Je lui ai répondu que non, que nous ne nous étions jamais vus auparavant. Il m'a fait un clin d'œil et a ajouté qu'il s'attendait à ma réponse et que je l'avais connu avant qu'il soit « lui ». C'était une très vieille âme et je ne sais toujours pas ce qu'il savait ou croyait savoir. Il est assez étonnant qu'un enfant de six ans formule ce genre de réflexion. Peu importe qu'il n'ait alors que traduit l'idéologie de quelqu'un d'autre. Ce qui m'a touché, c'est son sens de l'éternité et de la royauté ; il était convaincu de ce qu'il disait.

Les adolescents que nous rencontrons sont également spéciaux. J'aimerais pouvoir les réunir dans une salle et chanter avec eux ; je crois qu'ils aimeraient cela. Pas de téléphone, pas de télévision, pas de musique, rien que des adultes et des jeunes qui veulent partager un moment d'amour. Les jeunes ont un message pour nous, toujours le même : « L'âge n'est pas important. Nous nous connaissons tous. Si vous nous respectez véritablement, vous serez étonnés de ce que nous accomplirons. »

Les adolescents d'aujourd'hui sont vraiment très particuliers. Chaque rencontre avec eux me rappelle combien j'étais différent à quinze ans et me convainc que j'échange avec des sages incarnés dans de jeunes corps. Il n'est pas étonnant que nous les trouvions étranges, car nous n'avons jamais été témoins d'un tel phénomène. Les jeunes font partie de mes préférés sur cette planète ; ils sont l'incarnation des contrastes, un mélange amusant de jeunesse capricieuse et de sagesse millénaire. Imaginez-vous revêtir les atours les plus hétéroclites, porter un anneau à la lèvre supérieure, écouter une pièce de rap en présence de votre arrière-grand-père, de quelques prêtres et d'un chaman d'une tribu lointaine, et avoir beaucoup de plaisir ensemble.

Les collaborateurs de ce livre sont de grands admirateurs des enfants. Ils ont souvent publiquement bousculé l'establishment pour mettre le système au défi ou pour appuyer un phénomène qui n'est pas encore prouvé, mais dont on est témoin et que l'on peut identifier. On ne peut passer outre : ils veillent à ce que l'on parle d'eux, et si vous leur en demandez la raison, ils vous répondront que les enfants le méritent. Ils savent qu'il est l'heure de nous réunir, de créer un consensus et de bâtir tous ensemble une société qui reconnaîtra les enfants indigo et qui saura comment les aborder et les aimer.

Annexe

Collaborateurs

Voici des informations sur trois thérapeutes du Québec qui se feront un plaisir de répondre à vos questions.

Myriam Bals, Ph.D., est une thérapeute pour enfants qui a de nombreuses cordes à son arc du fait de son approche holistique de l'être humain. Cette conception de la personne et ses diverses formations en font une spécialiste interdisciplinaire.

Après un premier diplôme de psychologie à l'université de Toulouse-le-Mirail en 1982, elle a préparé un diplôme en travail social en 1986. Puis, elle a émigré au Canada où elle a fait une maîtrise en travail social en 1990 et un doctorat interdisciplinaire en sciences humaines appliquées, avec une majeure en anthropologie et en santé mentale en 1996, à l'université de Montréal où elle a enseigné le développement psychosocial de la personne. Elle a parachevé ses connaissances par une maîtrise en thérapie par le mouvement à l'université de Concordia (Montréal) en 1999. Parallèlement à ses études en psychologie, elle a suivi des cours en médecines douces : plantes médicinales, homéopathie et yoga.

Après sept ans d'expérience auprès d'enfants et de jeunes de 18 ans et moins connaissant des réalités fort différentes, elle continue de travailler non pas avec « l'étiquette » apposée sur chaque enfant, mais sur les forces, les préférences et le potentiel émotionnel, artistique et intellectuel de chacun. Son large éventail de ressources et de techniques permet au Dr Bals de s'adapter aux besoins de chaque enfant, travaillant ainsi à partir d'une relation de confiance et de respect mutuel à la base même de toute relation d'aide.

Information : Complexe de santé Reine-Élisabeth
2100, rue Marlow, bur. 322, Montréal (Québec) H4A 3L5
Tél. : (514) 485-5059
Téléc. : (514) 989-1691

Jeen Kirwen est une pionnière dans la création de l'Association des sages-femmes du Québec aujourd'hui reconnue officiellement par le gouvernement. Mme Kirwen occupe actuellement un poste cadre au Centre de maternité de l'Estrie. Depuis 1974, elle travaille dans le domaine des soins alternatifs pour les enfants avec une grande passion. Par la relation intime et psychique qu'elle développe avec l'enfant, elle accompagne aussi les parents afin qu'ils puissent mieux accueillir leur enfant tel qu'il est. Son but est de les amener à mieux s'ouvrir à leurs compétences parentales. Elle accorde ainsi un respect à l'enfant dès le départ, ce qui facilite son accompagnement et son estime de soi. Mme Kirwen est homéopathe, herboriste et mère de quatre enfants.
Information : Centre de maternité de l'Estrie, CLSC SOC
205, rue Murray, Sherbrooke (Québec) J1G 2K2
Tél. : (819) 564-0588

Serge Thérien est conseiller en santé et fondateur de la Fondation pour la santé idéale, la santé étant un état de bien-être, de force, d'équilibre, d'harmonie et d'amour dans les domaines physique, émotionnel, mental, spirituel et environnemental. Il est en contact avec les enfants et les adolescents depuis 1971. Il est ouvert aux approches complémentaires et travaille dans les Cantons-de-l'Est du Québec avec des intervenants en santé dans le circuit traditionnel ou dans le réseau des approches alternatives. À l'occasion, il donne des conférences sur des sujets touchant la santé et les volets curatifs, préventif et promotionnel sont abordés.
Information : 1675, rue Maloin, Sherbrooke (Québec) J1J 3X3

Biographie des collaborateurs du livre

Karen Bolesky M.A., C.M.H.C., L.M.P. Conseillère licenciée en santé mentale de la Floride, conseillère certifiée en santé mentale de l'État de Washington et massothérapeute licenciée, elle est mentionnée dans *Who's Who* de *American Women* et dans *Who's Who* de *Finance and Industry*.

Elle détient une licence ès arts et une maîtrise en lettres de la University of South Florida. Elle est propriétaire et directrice adjointe du Soma Institute[85], où elle enseigne l'intégration neuromusculaire. Elle a également suivi un entraînement avancé en gestalt, en bioénergie, en nutrition, en régression, en approche aux mourants, en psychothérapie ainsi qu'en biocinétique.

Information : The Soma Institute, 730 Klink St., Buckly, WA * (360) 829-1025 * www.soma-institute.com *
courriel : soma@nwrain.com

Candice Creelman a collaboré au chapitre cinq et a voulu partager avec nous son enfance indigo, nous rappelant que « l'amour est tout ce dont nous avons besoin ».

Information : courriel : amora@interlog.com

Barbra Dillenger Ph.D. est conseillère en développement transpersonnel et œuvre dans le domaine de la métaphysique depuis 1969. Elle est également pasteure et détient une licence ès arts, une maîtrise en éducation et en psychologie ainsi qu'un doctorat en sciences métaphysiques. Elle est également reconnue dans son milieu pour ses aptitudes psychiques et spirituelles. Sa clientèle en pratique privée est surtout constituée de professionnels de tous les domaines et concentrée à Del Mar et à San Francisco, en Californie.

Information : P.O. Box 2241, Del Mar, CA 92014

Peggy et Steve Dubro possèdent un don inné de connaissance universelle. À titre de membres de l'équipe du Kryon International Seminar, ils donnent de la formation en croissance personnelle dans le monde entier dans le but d'éveiller les participants à une conscience nouvelle.

Peggy Phoenix Dubro est cofondatrice de The Energy Extension, Inc. de Norwich, au Connecticut. Elle canalise l'information transmise par le Phoenix Factor qui a inspiré la EMF Balancing Technique[89]. Au cours des sept dernières années, Peggy a mis au point un concept unique du champ énergétique humain qu'elle décrira dans son prochain livre intitulé *Spiritual Intelligence, the Gift of Phoenix.*
Information : Energy Extension, Inc., 624 W. Main ST., #77, Norwich, CT 06360 * www.EMFBalancingTechnique.com

Karen Eck a grandi à Baker City en Oregon. Sa longue quête de la vérité l'a amenée à consacrer sa vie à l'étude de la création. Son intérêt pour la santé et les sciences l'a conduite à Portland (Oregon) en 1970 où elle a fait des études au Marylhurst College et au St. Vincent School of Medical Technology. Après avoir étudié de nombreuses méthodes de guérison, elle conclut que la guérison est directement liée à la foi en la méthode utilisée, quelle qu'elle soit. Elle fait également la distribution de divers logiciels éducatifs, de programmes d'apprentissage et de produits nutritionnels qui ont aidé à solutionner de multiples problèmes de santé. Elle a découvert, entre autres, les vertus extraordinaires des huiles essentielles, notamment l'huile d'origan, dont les propriétés éliminent la majorité des maladies infectieuses et des allergies.
Information : A/S Cliff's Saws & Cycles, 2499 8th St., Baker City, OR 97814 * courriel : kareneck@worldnet.att.net

Robert Gerard est conférencier, visionnaire et thérapeute. Il est également propriétaire et directeur de la maison d'édition Oughten House Publications. Auteur prolifique, il a publié *Lady from Atlantis*, *The Corporate Mule* et *Handling Verbal Confrontation: Take the Fear out of Facing Others,* qui paraîtra sous peu. Présentement, il effectue une tournée de promotion de son dernier livre *DNA Healing Techniques: The How-To Book on DNA Expansion and Rejuvenation.* Il anime également des ateliers de techniques de guérison par le travail sur l'ADN et donne des conférences ainsi

que des ateliers dans le monde entier.
Information : Oughten House Foundation, Inc., P.O. Box 1059, Coursegold, CA 93614 *
courriel : robert@oughten-house.com * www.oughtenhouse.com

Deborah Grossman est diplômée du Greenwich Academy au Connecticut. Elle a également fréquenté la Duke University en Caroline du Nord, puis la University of Miami, où elle a obtenu son diplôme d'infirmière.

Les soins de santé la passionnent ; elle a d'ailleurs enseigné au personnel infirmier de nombreuses disciplines médicales ainsi qu'au School for Acupressure and Acupuncture de Miami jusqu'à ces dernières années. Maintenant, elle donne des conférences dans le sud de la Floride sur la façon de se soigner soi-même et les principes de base de l'homéopathie. Elle est conseillère en homéopathie ainsi que fondatrice et présidente de Artemis International, une société consacrée à l'intégration de toutes les méthodes de guérison.
Information : 102 NE 2nd St., #133, Boca Raton, FL 33432

Debra Hegerle a d'abord été comptable pendant quatorze ans. Après autant d'années à privilégier le cerveau gauche, elle a opté pour une carrière davantage axée sur le cerveau droit et est devenue conseillère en voyages le jour et médium le soir. Six ans plus tard, elle a mis sur pied sa propre compagnie, Dragonfly Productions, offrant tenue de livres et consultations psychiques. Mariée depuis seize ans et mère d'un enfant, elle offre ses services à titre d'enseignante bénévole depuis cinq ans. Elle détient un diplôme de professeur Maître Reiki, étudie l'astrologie et travaille avec l'énergie de guérison Huna. Ses loisirs se concentrent sur l'équitation, le ballet jazz et l'aérobic.

Debra travaille aussi bénévolement au Compassion in Action de San Francisco et de San Jose et projette l'ouverture d'une succursale de Compassion in Action au Contra Costa County, également en Californie.
Information : Dragonfly Productions, P.O. Box 2674, Martinez, CA 94553 * courriel : daurelia@wenet.net

Ranae Johnson Ph.D. est l'auteure de *Reclaim Your Light Through the Miracle of Rapid Eye Technlogy*[87] et de *Winter's Flower,* qui raconte sa vie auprès de son fils autiste. Ranae est mère de sept enfants et grand-mère de vingt-six petits-enfants. Elle a également fondé le Rapid Eye Institute[88] en Oregon.

Elle a fréquenté le Long Beach State College de Californie et la Brigham Young University. Elle détient un doctorat d'hypnothérapie clinique de l'American Institute of Hypnotherapy de Santa Ana, en Californie et est également titulaire d'un doctorat de l'American Pacific University de Honolulu.

La liste de ses certificats et de ses spécialisations est impressionnante : thérapie par le jeu, thérapie du deuil, gestion du temps, gestion de crises, programmation neurolinguistique, orthobionomie et éducation positive des enfants, pour n'en mentionner que quelques-uns. Elle est également hypnothérapeute certifiée du National Guild of Hypnotists, détient une maîtrise en neurolinguistique. Elle est aussi reconnue maître technicienne et formatrice en Rapid Eye Technique.

Elle a également travaillé auprès d'enfants autistiques en maternelle à Fountain Valley, en Californie, au Community Mental Health Crisis Center, à Spokane (Washington), avec le Parents of Autistic Children Support Group, également à Spokane, et s'occupe présentement du Rapid Eye Institute, à Salem (Oregon).
Information : Rapid Eye Institute,
3748 74th Ave., SE, Salem, OR 97301 *
courriel : ret.campus@aol.com * www.rapideyetechnology.com

Donna K. King est diplômée de la University of North Texas. Elle détient aussi plusieurs diplômes en biorétroaction (biofeedback) et en neurorétroaction. Elle est directrice de l'éducation professionnelle au Behavioral Physiology Institute, un progamme de doctorat en médecine behavioriste, à Bainbridge Island (Washington).

Depuis 1992, elle travaille en neurothérapie sur les plans de l'éducation, du traitement et de la recherche auprès des adultes et des enfants. Elle a contribué à l'expansion de la biorétroaction, de la neurorétroaction et de programmes d'entraînement connexes, répondant ainsi aux besoins de cliniciens de formations et de domaines variés.

Mme King a également contribué à la mise sur pied de programmes de neurothérapie pour les camps d'été destinés aux enfants ayant un déficit d'attention avec ou sans hyperactivité. Depuis 1992, elle a consacré la plus grande partie de ses efforts à la promotion et à l'utilisation de programmes de médecine behavioriste, dont la neurothérapie. À titre de membre du comité consultatif de la Kidwell Foundation, Mme King contribue à rendre accessible à tous les enfants les programmes complets de traitements les plus récents.

Information : 439 Bjune Rd., SE, Bainbridge Island, WA 98110 * courriel : brainwm@aol.com

Ryan Maluski est un indigo maintenant adulte qui a accepté de partager son expérience d'enfant indigo avec les lecteurs. Nous le retrouvons au chapitre cinq. Il habite le Connecticut et travaille dans des domaines où il peut aider d'autres personnes.
Information : Center for Synthesis, 31 Bridge Rd., Weston, CT 06883 * courriel : Synthesis1@aol.com

Kathy A. McCloskey Ph.D., Psy.D., a travaillé pendant près de dix ans à titre de scientifique au sein de la U.S. Air Force, à Dayton (Ohio), où elle a mené des recherches sur les effets des stresseurs environnementaux sur le rendement physiologique et biomécanique humain. Sa quête personnelle et professionnelle l'a amenée à quitter l'armée pour se consacrer à la psychologie clinique. Elle a obtenu son second doctorat en août 1998 et se prépare à faire partie du conseil national d'étude des licences à titre de psychologue. Elle a également terminé avec succès une formation dans un centre de gestion de crises, dans un hôpital et un centre communautaire de santé mentale, un centre universitaire ainsi qu'un programme de traitement pour conjoints violents.

Elle a côtoyé une clientèle très variée constituée d'Afro-Américains, d'adolescents, d'enfants, d'homosexuels, de bisexuels, de transsexuels, de femmes battues, d'agresseurs, d'étudiants universitaires et d'handicapés mentaux graves. Boursière de postdoctorat au Ellis Human Development Institute, à Dayton (Ohio), elle travaille en thérapie à court terme de gestion de crises auprès d'auteurs de violence conjugale, désignés par le tribunal. Elle offre également des démarches visant la solution de problèmes et supervise des stagiaires.

Elle est membre de plusieurs associations, telles que l'American Psychological Association, l'Ohio Psychological Association, l'American Association for the Advancement of Science et la Human Factors and Ergonomic Society (HFES). Elle a également assumé le poste de présidente du Test and Evaluation Technical Group et détient un diplôme en ergonomie. Elle est l'auteure de quantité d'articles parus dans des revues spécialisées et présentés lors de colloques, et a publié de nombreux articles scientifiques. Elle a été professeure adjointe en psychologie à la Wright State University de 1991 à 1994 et est instructrice clinique à l'école de médecine de cette université depuis 1992. Au cours des études menant à son second doctorat, elle a enseigné au même département. Enfin, elle détient un diplôme de travailleuse sociale de l'Ohio depuis 1996.

Information : Ellis Human Development Institute, 9 N. Edwin C. Moses Blvd., Dayton, OH 45407 * courriel : kcam@gateway,net

Judith Spitler McKee Ed.D. est spécialiste en psychologie du développement et professeure émérite en psychologie de l'éducation et en éducation de la petite enfance à la Eastern Michigan University. Elle est l'auteure de douze manuels sur l'apprentissage, le développement, le jeu et la créativité chez les enfants, dont *Play: Working Partner of Growth (1986, ACEI)*, *The Developing Kindergarten (MIAEYC, 1990)* et dix tomes du *Annual Editions: Early Childhood Education (1976-1991)*.

Elle anime des ateliers pour parents, enseignants, bibliothécaires, thérapeutes et praticiens en développement de l'enfant. Elle est également ministre non confessionnelle en Arts de la guérison et conseillère spirituelle. Elle pratique également le Reiki, le Jin Shin et l'Astarian de septième degré. Elle est l'auteure d'une série d'articles d'un bulletin mensuel, le *Healing Natural Alternatives*, et anime des ateliers de croissance spirituelle et de guéri-

son holistique.
Information : Fax : (248) 698-3961

Melanie Melvin Ph.D., DHM, RSHom, détient un doctorat en psychologie et a travaillé en Californie entre 1988 et 1996. Elle a obtenu sa licence du Colorado en 1994 et y travaille depuis ce temps. Elle possède aussi un diplôme en médecine homéopathique et est membre du British Institute of Homeopathy et de la North American Society of Homeopaths. Depuis dix-huit ans, elle associe homéopathie et psychologie dans sa pratique, même avec les enfants.

Melanie a découvert l'homéopathie en 1970, après un accident de voiture qui lui a causé de nombreux symptômes physiques. Pendant dix ans, elle a cherché un médecin qui tiendrait compte de tous les aspects de sa personne. En 1980, une amie lui a parlé d'un médecin homéopathe qui, à sa grande joie, l'a aidée à guérir et l'a incitée à devenir homéopathe à son tour. Depuis ce temps, elle combine les deux pratiques, qu'elle utilise auprès de ses clients de tous âges.
Information : 34861 W. Pine Ridge Lane, Golden, CO 80403 * (303) 642-9360
courriel : cmelwolf@aol.com * www.dmelanie.com

Robert P. Ocker est conseiller scolaire au premier cycle du secondaire à Mondovi, au Wisconsin. Le travail auprès des jeunes a toujours été son but et sa passion. Il a travaillé à titre de conseiller d'orientation au primaire à l'école régionale d'Eau-Claire et a mis en place le CHAMPS Peer Leadership Training Program. Par ailleurs, à Lake Geneva, il était conseiller d'orientation au primaire ainsi qu'au premier cycle du secondaire. Orateur, il a également fait de nombeuses présentations à des auditoires de tous âges portant sur l'éducation par le jeu (*Education Through Entertainment)*. Il utilise l'art dramatique pour amener les jeunes à solutionner leurs problèmes, à résoudre leurs conflits, à assumer leurs responsabilités et à forger leur caractère. La Wisconsin School Counselors Association l'a reconnu comme l'un des meilleurs futurs chefs de file en éducation.

Robert est conseiller en orientation scolaire accrédité auprès d'enfants de la maternelle à la fin du secondaire et détient une licence ès lettres de la Wisconsin University, à Eau-Claire, où l'on a souligné son extraordinaire leadership et son talent de communicateur. De plus, il a étudié, vécu, voyagé et donné des conférences en Europe. Il détient une maîtrise en orientation scolaire de la Wisconsin University, à Stout, qui a souligné sa participation et son travail de recherche, sa thèse et sa vision de l'éducation. Robert est un homme sincère, sympathique, bienveillant, qui partage ses dons avec les enfants et les adultes sans distinction.
Information : 7717 35th Ave., Knolsha, WI 53142 * (715) 831-9429

Jennifer Palmer détient un diplôme en enseignement des beaux-arts au secondaire, une licence en sciences de l'éducation et un baccalauréat en éducation professionnelle. Depuis vingt-trois ans, elle enseigne au primaire en Australie, dans le secteur public. Elle habite présentement à Adélaïde. Son excellent travail lui a valu le Advanced Skills Teachers Award.
Information : Mme Palmer habite présentement l'Australie mais vous pouvez lui faire parvenir votre courrier au kryonmail@aol.com qui lui sera transmis. Veuillez spécifier « Indigo Book » —Jennifer Palmer.

Cathy Patterson est professeure en éducation spécialisée à Vancouver, en Colombie-Britannique (Canada). Elle travaille auprès d'enfants souffrant de graves problèmes de comportement et, en collaboration avec d'autres professionnels, elle met en place des projets touchant l'éducation et le comportement.

Elle termine sa maîtrise en psychopédagogie et dirige des séances de groupe avec les parents afin de les aider à faire face à leurs enfants difficiles. La priorité de Cathy est d'apporter son appui aux professionnels scolaires et aux familles afin qu'ensemble, ils puissent répondre aux besoins des enfants en difficulté, dans le système scolaire public.
Information : courriel : rpatter262@aol.com

Laurie Joy Pinkham D.D., surnommée « la sage », habite la campagne de la Nouvelle-Angleterre, où elle écrit et aide les autres à comprendre leur véritable nature et leur raison d'être sur terre. Émissaire de Lumière, elle est à la fois thérapeute, écrivaine et photographe. Partout au pays, elle anime divers événements dans le but de favoriser un éveil de la conscience. Elle est un catalyseur de l'humanité veillant au maintien de l'énergie et à l'élaboration de liens de conscience dans le monde entier. Ses écrits racontant son expérience personnelle dans cette vie et dans les vies antérieures, ainsi que celles d'autres personnes ont fait l'objet de diverses publications spirituelles et du Nouvel Âge à l'échelle planétaire. Quelques-unes des paroles de *Songs from God* ont été enregistrées ; ses histoires, ses poèmes, ses entrevues et ses photographies ont été publiés dans un grand nombre de revues et de journaux sur le plan international. Cette femme intuitive est également maître Reiki, thérapeute sacro-crânienne et détient un diplôme en éducation de la petite enfance de l'UNH ainsi qu'un doctorat en théologie. Elle possède un cabinet de chiropratique et exerce en milieu rural, en Nouvelle-Angleterre.
Information : PMB #622, 67 Emerald St., Keene, NH 03431 * courriel : **owlwoman33@aol.com** * www.owlwoman.com

Pauline Rogers a travaillé dans le domaine du développement de l'enfant toute sa vie. Elle détient une licence ès arts de la California State University et une maîtrise en administration scolaire de la University of La Verne, en Californie. Elle a également suivi des cours en administration du développement de l'enfant à la University of California, à Los Angeles. De plus, elle a assumé le poste de professeure en chef et directrice chez Bellflower, en Californie (à huit endroits), et la fonction de coordonnatrice de programmes de développement de l'enfant pour les services sociaux de Norwalk, en Californie. La liste de ses mentions et de ses adhésions professionnelles est tellement imposante qu'on ne peut l'inclure ici.
Information : 680 Juniper Way, La Habra, CA 90631

Richard Seigle M.D. a un cabinet privé à Carlsbad, en Californie.

Il a fait ses études de médecine à la University of California at Los Angeles (UCLA) et a reçu son diplôme universitaire de la University of Southern California (USC).

Richard a travaillé pendant trois ans dans une réserve Navajo avant de terminer sa résidence en psychiatrie à la University of California à San Diego (UCSD). Depuis ce temps, il a étudié auprès de nombreux guérisseurs et professeurs à la UCSD School of Medicine.
Information : (760) 434-9778

Joyce Golden Seyburn détient une licence ès arts en éducation de la Wayne State University et a enseigné en maternelle ainsi qu'en première année du primaire. Alors que ses trois enfants étaient encore jeunes, elle a obtenu sa maîtrise en développement de l'enfant. Chroniqueure au *The Detroit News*, elle a publié de nombreux articles dans des revues diverses et a collaboré à une anthologie de nouvelles.

Son poste de titulaire au Deepak Chopra's Center for Mind/Body Medicine de La Jolla, en Californie, a stimulé son intérêt pour les techniques psychocorporelles. À la veille de devenir grand-mère pour la première fois, n'ayant trouvé aucun livre traitant de méthodes psychocorporelles destinées aux parents, elle a décidé d'écrire le premier livre sur le sujet et a publié *Seven Secrets to Raising a Happy and Healthy Child*[56].
Information : 1155 Camino del Mar, #464, Del Mar, CA 92014 * courriel : joy7secrets@hotmail.com

Keith Smith a d'abord été diplômé du San Francisco State College, mais sa formation s'est poursuivie pendant vingt ans. Il détient une maîtrise en phytothérapie du Dominion Herbal College au Canada et de la Christopher School of Natural Healing. Il a fait des études poussées en iridologie et a suivi une formation d'instructeur auprès du Dr Bernard Jenson. Il a obtenu un diplôme de la School of Natural Health à Spanish Forks, en Utah, et a également étudié à la School of Healing Arts, à San Diego, en Californie.

Au fil de sa carrière, il a fait des études en nutrition et s'est intéressé à Rayid, une pratique de l'iridologie qui englobe les aspects émotionnels et spirituels, mise au point par Denny Ray Johnson. Il est maintenant président de l'International Rayid Society et détient une maîtrise dans cette technique. Il pratique la médecine par les plantes depuis vingt et un ans et habite Escondido, en Californie[70].

Information : 360 N. Midway, Suite 102, Escondido, CA 92027 * courriel : ksmithhrb@adnc.com * www.health-forum.com

Nancy Ann Tappe travaille dans le domaine de la parapsychologie depuis vingt-cinq ans. Elle s'est spécialisée en théologie et en philosophie. Elle a également été ordonnée ministre. Elle est connue partout aux États-Unis, au Canada, en Europe et en Asie pour sa vision spéciale de l'être humain et les façons d'améliorer notre compréhension des autres et de nous-mêmes.

Au cours de ses nombreux voyages, elle a commencé à étudier les couleurs dans leur rapport avec l'aura, et pendant trois ans, elle s'est appliquée à la définition et à l'interprétation de l'aura. Elle a alors vite compris qu'elle possédait le don de voir les auras et a voulu trouver un sens à ce qu'elle percevait.

Afin de vérifier l'exactitude de l'information qu'elle recevait intuitivement, elle entra en contact avec un psychiatre de San Diego. Avec son aide, elle a évalué des centaines de patients et de volontaires en appliquant sa théorie. Ils ont travaillé ensemble pendant neuf ans, jusqu'à ce qu'elle soit convaincue de la justesse de son système.

Nancy a alors enseigné au collège expérimental de la San Diego State University. Aujourd'hui encore, elle donne des conférences, enseigne et fait de la consultation dans le monde entier[2].

Information : Starling Publishers, P.O. Box 278, Carlsbad, CA 92018

Doreen Virtue Ph.D. détient une licence, une maîtrise ainsi qu'un doctorat comme psychologue consultante. Elle donne beaucoup de conférences et participe à des talk-shows. Auteure prolifique, elle a écrit douze livres totalisant un demi-million d'exemplaires dans le monde entier. Parmi ceux-ci *The Lightworker's Way* (Hay House, 1997) *Angel Therapy* (Hay House, 1997) et *Divine Guidance* (Renaissance/St. Martin's, août 1998). Elle a aussi à son actif deux cassettes audio : *Chakra Clearing* et *Healing With The Angels* (Hay House). Son site Internet (www.angeltherapy.com) contient de l'information sur ses ateliers et ses livres ainsi qu'un babillard électronique très actif.

Fille d'un guérisseur de la Christian Science, Dr Virtue représente la quatrième génération de métaphysiciens qui fusionnent les phénomènes psychiques, la guérison angélique, la psychologie et des principes spirituels empruntés à *A course in Miracles* dans leurs consultations et leur écriture. Ses douze ans d'expérience clinique l'ont amenée à travailler comme fondatrice et directrice d'un hôpital psychiatrique pour femmes, à diriger un programme psychiatrique pour adolescents et à mener une pratique privée comme psychologue. De plus, elle est membre de l'American Institute of Hypnotherapy où elle enseigne la parapsychologie et le développement de la médiumnité.

Elle a contribué à l'organisation de prières mondiales pour la paix avec James Twyman et Gregg Braden. Souvent invitée à participer à des talk-shows, elle a été interviewée à *Oprah, Good Morning America, The View, Donahue, Ricki Lake, Geraldo, Sally Jessy Raphael, Montel, Leeza, The 700 Club, Gordon Elliott,* CNN, Extra, entre autres. Depuis 1989, elle donne des ateliers de spiritualité et de santé mentale, et ses auditoires incluent The Whole Life Expo, The Universal Lightworker's Conference, The Health and Life Enrichment Expo, Fortune 500 companies, The Learning Annex et le colloque de l'American Board of Hypnotherapy.

Information : www.AngelTherapy.com ou à Hay House Publicity, P.O. Box 5100, Carslbad, CA 92018-5100

À propos des auteurs

Jan Tober et Lee Carroll donnent des conférences et des séminaires dans le monde entier, proposant des façons de se prendre en main et de retrouver son propre pouvoir. Au cours des six dernières années, Lee a écrit sept livres sur ce sujet qui ont été traduits dans plusieurs langues. Jan et Lee ont été invités à présenter leurs messages d'espoir et d'amour aux Nations Unies à New York en trois occasions, dont la dernière en novembre 1998.

Notes bibliographiques

1. Gibbs, Nancy. "The Age of Ritalin". Magazine *Time*, page 86, 30 novembre 1998.

2. Tappe, Nancy Ann. *Understanding Your Life Through Color.* 1982. ISBN 0-940399-00-8. Starling Publishers, P.O. Box 278, Carlsbad, CA 92018. Ce livre n'est pas distribué partout. Pour l'obtenir, rejoindre Awakenings Book Store en Californie, au (949) 457-0797. Par courriel : govinda4u@aol.com

3. Taylor, Hartman, Ph.D. *The Color Code: A New Way to See Yourself, Your Relationships, and Life.* 1998. ISBN 0684843765. Scribner.

4. *The Rising Curve: Long-Term Gains in IQ & Related Measures*, publié par l'American Psychological Association, Washington DC (1998). Pour commander, téléphoner aux É.-U., au (800) 374-2721.

5. Dr Doreen Virtue. Ses références pour les trois parties du livre : site Internet [http://www.angeltherapy.com].
"Ritalin use is a bar to military service". *Cox News Service*, 1er décembre 1996. "A Course in Miracles," workbook lesson 198, 9.5. *Foundation for Inner Peace*, 1975.
Hayes, Laurie L. "Ritalin use has doubled in past five years", *Counseling Today*, vol. 39, nº 11, mai 1997.
Kilcarr, P., et P. Quinn. "Voices from Fatherhood: Fathers, Sons and ADHD", 1997. New York: Brunner/Mazel, Inc.
Lang, John. "Boys on Drugs". Scripps Howard News Service.
Schachar, R. J., R. Tannock, C. Cunningham, et P. Corkum. "Behavioral, Situational, and Temporal Effects of Treatment of ADHD with Methylphenidate". *Journal of the American Academy of Child and Adolescent Psychiatry*, 1997, 36: 754-763.

6. Vous pouvez rejoindre The National Foundation for Gifted and Creative Children par courriel au nfgcc@aol.com, par courrier au 395 Diamond Hill Road, Warwick, RI 02886, ou par téléphone au (401) 738-0936.

7. Wright, Robert. "The Power of Their Peers." Magazine *Time*, page 67, 24 août 1998.

8. Harris, Judith Rich. *The Nurture Assumption: Why Children Turn Out the Way They Do.* ISBN 0684844095. 480 pages. 1998. Free Press.

9. Bodenhamer, Gregory. *Back in Control/How to Get Your Children to Behave.* ISBN 0-671- 76165-X. 1988. Fireside, NY.

10. Millman, Dan. *The Life You Were Born to Live/A Guide to Finding Your Life Purpose.* ISBN 0915811-60-X. 1993. HJ Kramer, Inc.

11. Gomi, Taro. *Everyone Poops.* ISBN 0-916291-45-6. 1993. Brooklyn, NY: Kane/Miller Pub.

12. Baer, Edith. *This is the Way We Eat Our Lunch.* ISBN 0590468871. 1995. NY: Scholastic.

13. Dooley, Norah. *Everybody Cooks Rice.* ISBN 0876144121. 1991. Minneapolis, MN: Caroliheda Books.

14. Gardner, Howard. *Frames of Mind: The Theory of Multiple Intelligences.*
ISBN 046501822. 1983. NY: Basic Books.
McKee, Judith Spitler. *The Developing Kindergarten.* ISBN 0962915408. 1990. East Lansing, MI: Michigan Association for Education of Young Children.
Armstrong, Thomas. *Seven Kinds of Smarts: Discovering and Using Your Natural Intelligence.*

15. Erikson, Erik H. *Childhood and Society*. ISBN 039331068X. 1993. NY: Norton.

16. McKee, Judith Spitler. *Play: The Working Partner of Growth*. ISBN 0871731126. 1986. Olney, MD: Association for Childhood Education International.

17. Brown, Margaret Wise. *Goodnight Moon*. ISBN 0-064430170. NY: Harper Collins. 1947, réimprimé en 1991.

18. Degan, Bruce. *Jamberry*. ISBN 0060214163. NY: Harper Collins. 1990.

19. Boynton, Sandra. *Barnyard Dance*. ISBN 1-563054426. 1993. NY: Workman Publishing.

20. Porter-Gaylord, Laurel. *I Love my Mommy Because…* ISBN 0525446257. 1996. NY: Dutton.

21. Porter-Gaylord, Laurel. *I Love my Daddy Because…* ISBN 0525446249. 1996. NY: Dutton.

22. Potter, Beatrix. *The Tale of Peter Rabbit*. ISBN 0590411012. 1987. NY: Scholastic.

23. Wescott, Nadine. *The Lady With The Alligator Purse*. ISBN 031693165. 1990. NY: Little Brown & Co.

24. Preston, Edna Mitchell. *The Temper Tantrum Book*. ISBN 0140501819. 1976. NY: Viking.

25. Piper, Watty. *The Little Engine That Could*. ISBN 0448400413. 1990. NY: Price/Stern/Sloan Publishers.

26. Raffi. *Baby Beluga* (cassette audio). ISBN 6301878949. 1990.

Universal City, CA: Rounder Records.

27. Ives, Burl. *Burl Ives: A Twinkle in Your Eye* (cassette audio). ISBN 6304902158. 1998. Sony Wonder.

28. Milne, A.A. *Winnie the Pooh* (cassette audio). Lu par Charles Kuralt. ISBN 0140866825. 1997. Penguin Audio Books.

29. Rosenbloom, Joseph. *Doctor Knock Knocks*. ISBN 080698936X. 1976. NY: Sterling.

30. Rosenbloom, Joseph. *Biggest Riddlebook in the World*. ISBN 0806988843. 1976. NY: Sterling.

31. Hall, Katy et Lisa Eisenberg. *101 Cat and Dog Jokes*. ISBN 0590433369. 1990. NY: Scholastic. *Note* : Katy Hall a de nombreux livres d'histoires drôles.

32. Berenstain, Stan et Jan. *The Berenstain Bears and The Messy Room*. ISBN 0394856392. 1983. NY: Random House.

33. Berenstain, Stan et Jan. *The Berenstain Bears and Too Much TV*. ISBN 0394865707. 1984. NY: Random House.

34. Berenstain, Stan et Jan. *The Berenstain Bears and Too Much Junk Food*. ISBN 0394872177. 1985.NY: Random House.

35. White, E.B. *Charlotte's Web*. ISBN 0064400557. 1974. NY: Harper Trophy.

36. White, E.B. *Charlotte's Web* (cassette audio). ISBN 0553470485. 1992. NY: Bantam Books Audio.

37. Herriot, James. *James Herriot's Treasury for Children*. ISBN 0312085125. 1992. NY: St. Martin's Press.

38. Kindersley, Barnabas et Anabel. *Children Just Like Me*. ISBN 078940217. 1995. NY: Dorling Kindersley et The United Nations Children's Fund.

39. Hoberman, Mary Ann. *Fathers, Mothers, Sisters, Brothers: A Collection of Family Poems*. ISBN 014054891. NY: Puffin/ Penguin.

40. Baum, L. Frank. *The Wizard of Oz*. ISBN 067941794X. 1992. NY: Knopf. *Note* : D'autres livres sur Oz incluent *Ozma of Oz, The Emerald City of Oz* et The *Patchwork Girl of Oz.*

41. Cleary, Beverly. *Ramona Forever* (cassette audio). Lu par Stockard Channing. ISBN 0807272655. 1989. Old Greenwich, CT: Listening Library.

42. Lofting, Hugh. *The Story of Dr. Doolittle* (cassette audio). Lu par Alan Bennett. ISBN 0553477692. NY: Bantam Books Audio.

43. Rosen, Michael. *Walking the Bridge of Your Nose*. ISBN 1856975967. 1995. NY: Kingfisher.

44. Krull, Kathleen. *Lives of the Musicians* (*and What the Neighbors Thought*).
ISBN 0152480102. 1993. San Diego, CA: Harcourt Brace.
Lives of the Writers (*and What the Neighbors Thought*).
ISBN 0152480099. 1994. San Diego, CA: Harcourt Brace.
Lives of the Artists (*and What the Neighbors Thought*).
ISBN 0152001034. 1995. San Diego, CA: Harcourt Brace.
Lives of the Athletes (*and What the Neighbors Thought*).
ISBN 0152008063. 1997. San Diego, CA: Harcourt Brace.

45. L'Engle, Madeleine. *A Wrinkle in Time* (cassette audio). ISBN 0788701371. 1994. Prince Frederick, MD: Recorded Books.

46. *Parenting with Love and Logic.* Rejoindre Cline-Fay Institute, Inc. ; 2207 Jackson Street ; Golden, Colorado 80401. Tél. : (800) 338-4065.

47. McArthur, David. "Learning to Love". Magazine *Venture Inward*, page 33, janvier/février 1998.

48. McArthur, Bruce et David. *The Intelligent Heart.* 224 pages. ISBN 087604389-9. A.R.E. Press.

49. Planetary LLC, éditeurs de la méthode HeartMath®: 14700 West Park Avenue, Boulder Creek, CA 95006. Sans frais (800) 372-3100. [http://www.planetarypub.com]. Deborah Rozman, Ph.D., directeur exécutif.

50. Childre, Doc Lew. *Freeze-Frame: One-Minute Stress Management.* ISBN 1-879052-42-3.
A Parenting Manual. 160 pages. ISBN 1-879052-32-6.
Teen Self Discovery. 120 pages. ISBN 1-879052-36-9;
Teaching Children to Love. Un ensemble de 80 activités et jeux amusants pour les enfants difficiles dans les moments difficiles. ISBN 1-879052-26-1. Pour commander, appeler au Planetary LLC : (800) 372-3100.

51. Gregson, Bob. *The Incredible Indoor Games Book.* ISBN 0-8224-0765-5. Belmont, CA: David S. Lake Publishers.

52. Gregson, Bob. *The Outrageous Outdoor Games Book.* ISBN 0-8224-5099-2. Belmont, CA: David S. Lake Publishers.

53. Rozman, Deborah. *Meditating with Children.* ISBN 1-879052-24-5. Planetary LLC.

54. Goelitz, Jeffrey. *The Ultimate Kid.* Traite de l'éducation holistique. 154 pages. ISBN 0-916438-61-9. Planetary LLC.

55. Herzog, Stephanie. *Joy in the Classroom.* ISBN 0-916438-46-5. Planetary LLC.

56. Seyburn, Joyce. *Seven Secrets to Raising a Happy and Healthy Child: The Mind/Body Approach to Parenting*. 1998. ISBN 0-425-16166-8. Berkley Press.

57. Drummond, Tammerlin. "*Touch Early and Often*". Magazine *Time*, page 54, 27 juillet, 1998.

58. Hallowell, Edward, M.D. *Driven to Distraction: Recognizing and Coping with ADD From Children Through Adults*. ISBN 06848011280. 1995. Simon and Schuster.

59. Taylor, John F. *Helping Your Hyperactive ADD Child.* ISBN 0761508686. Prima Publishing, 1997.

60. Kurcinka, Mary Sheedy. *Raising Your Spirited Child: A Guide for Parents Whose Child is More Intense, Sensitive, Perceptive, Persistent, and Energetic.* ISBN 006092328-8. 1992. Harperperennial Library.

61. Sears, William, M.D., et Lynda Thompson, Ph.D. *The A.D.D. Book, New Understandings, New Approaches to Parenting Your Child.* 1994. ISBN 0-316-77873-7. [http://www.littlebrown.com].

62. Diller, Lawrence H. *Running on Ritalin: A Physician Reflects on Children, Society, and Performance in a Pill.* ISBN 0553106562. 1968. Bantam-Doubleday-Dell.

63. Block, Mary Ann. *No More Ritalin: Treating ADHD Without Drugs*. ISBN 1575662396. 1997. Kensington Publication Corp.

64. Beal, Eileen. *Ritalin: Its Use and Abuse*. ISBN 082392775X.

1999. Rosen Publishing Group.

65. Ch.A.D.D. recueille et organise l'information sur le déficit d'attention et l'hyperactivité et la transmet aux médecins, aux écoles, aux groupes de soutien et aux parents. National : 499 Northwest 70th Avenue, suite 101; Plantation, FL 33317; (800) 233-4050 ; téléc. : (954) 587-4599 ; [http:www.chadd.org].

66. Network of Hope : Mary Votel, directrice. P.O. Box 701534, St. Cloud, FL 34770-1534. [http://networkofhope.org]. Téléc. : (407) 892-5657.

67. Barkley, R. *Hyperactive Children: A Handbook for Diagnosis and Treatment*, page 13, 1981. New York: Guilford Press.

68. Breggin, Peter R., M.D. *Talking Back to Ritalin: What Doctors Aren't Telling You About Stimulants for Children.* ISBN 1567511295. 1998. Monroe, ME: Common Courage Press. Breggin, Peter et Ginger. *Journal of College Student Psychotherapy*, vol.10 (2). 1995.

69. Mendelsohn, Robert, M.D., *How to Raise a Healthy Child... in Spite of Your Doctor.* ISBN 0-345-34276-3. 1984. Ballantine Books.

70. Keith, Smith : courriel <ksmthhrb@adnc.com> ou appeler le Herb Shop au (760) 489-6889. Un nouveau site est en préparation : [http://www.health-forum.com]. Des consultations privées sont offertes avec possibilité de rendez-vous en urgence, selon les disponibilités. **Sources** :
Lyon, G. R., D. B. Gray, J. F. Kavanagh, et al (**eds**.) *Better Understanding Learning Disabilities: New Views from Research and Their Implications for Education and Public Policies.* Baltimore : Brookes, 1993.
Moats, L. C., et G. R. Lyon. *Learning Disabilities in the*

United States: Advocacy, Science, and the Future of the Field. J. Learn Disab 1993 26: 282-294.
Stanovich. K. E., et L. S. Siegel. *Phenotypic Performance Profile of Children with Reading Disabilities: A Regression-Based Test of the Phonological-Core Variable-Difference Model.* J. Ed. Psych. 1994 ; 86: 24-53.
Lyon, G. R. (**ed**.). *Frames of Reference for the Assessment of Learning Disabilities: New Views on Measurement Issues.* Baltimore : Brookes, 1994.
Duane, Drake D., and David B. Gray. *The Reading Brain: The Biological Basis of Dyslexia.* ISBN 0912752254. 1991. Parkton, MD: York.
National Advisory Committee on Handicapped Children : Special Education for Handicapped Children. Washington, DC: Department of Health, Education and Welfare, 1968.
Lyon, G. R. *Research in Learning Disabilities* (tech. Report). Bethesda, MD: National Institute of Child Health and Human Development, 1991.
A Guide to Medical Cures and Treatments/A Complete A to Z Sourcebook of Medical Treatments, Alternative Options and Home Remedies. Page 237, "Inattention/Hyperactivity Comparison". ISBN 0895778467. Publié par Reader's Digest, 1996.

71. Research in Learning Disabilities at the NICHD (National Institute of Child Health and Human Development), par G. Reid Lyon, Ph.D. Human Learning and Behavior Branch, Center for Research for Mothers and Children – avec la collaboration de scientifiques du National Institute of Child Health and Human Development, National Institute of Health. [http://www.nih.gov], page 1.

72. Ibid., page 9

73. [http://www.mediconsult.com] *Attention Deficit Disorder News* et *Attention Deficit Hyperactivity Disorder*. Page 1,

paragraphe 5, Sommaire : p. 10 de 11, paragraphe 2.

74. Insight USA : 1771 S. 350 E., Provo, UT 84606. (801) 356-1322. [http://www.insight-usa.com]. Courriel à Karen Eck : kareneck@worldnet.att.net>

75. Nutri-Chem: 1303 Richmond Rd.; Ottawa, Ontario, K2B 7Y4, Canada. Sans frais 1-888-384-7855 (Canada et É.-U.). [http://www.nutrichem.com].

76. “Doctors Give Alternative Remedies Closer Look”. Associated Press citée dans le *Norwich Bulletin: Health*, 11 novembre 1998. Compte rendu dans *The Journal of the American Medical Association* ; Book 008, 11 novembre 1998 (alternative medicine edition).

77. Taylor, John F. *Answers to ADD*: *The School Success Tool Kit*. Vidéo de 102 minutes décrivant et illustrant plus de 125 techniques. ISBN 1-883963-00-1. [http://www.add-plus.com/video.html]

78. Bulletin *Network of Hope*, février 1998, édition sur la nutrition. P.O. Box 701534, St. Cloud, FL 34770.

79. Cell Tech : 1300 Main Street, Klamath Falls, OR 97601. Tél : (800) 800-1300. [http://www.celltech.com]. Les personnes-ressources suivantes comprennent les enfants indigo et sauront vous donner des explications sur l’algue Blue Green. Distributeurs : L. Askey, (250) 342-7162 ou lyaskey@rockies.net; Michael et Sandy Landsdale au (800) 342-9548 ou John Paino (978) 371-2355, paino@earthlink.net, [http://www.the-peoples.netcelltech]

80. Lawrence, Ron, M.D., Ph.D., Paul Rosch, M.D., F.A.C.P., et Judith Plowden. *Magnetic Therapy: The Pain Cure Alter-*

native. ISBN 0-7615-1547-X. CA: Prima Publishing, [http://www.primapublishing.com]

81. Neurotherapy training: Behavioral Physiology Institutes, 175 Parfitt Way, Suite N150; Bainbridge Island, WA 98110. (206) 780-5550 poste 104. [http://www.bp.edu]. Courriel : proed@bc.edu

82. Neurotherapy treatment facilities: Kidwell Institute, 1215 Mulberry Lane, Oklahoma City, OK 73116. (405) 755-8811. [http://www.kidwellinstitute.com]. Courriel: kidwell@theshop.net

83. Lubar, J. F. et M. N. Shouse. "The Use of Biofeedback in the Treatment of Seizure Disorders and Hyperactivity". *Advances in Child Clinical Psychology*, 1, pages 204-251. Plenum Publishing Company.
Lubar, J. O., et J. F. Lubar. "Electroencephalographic Biofeedback of SMR and Beta Treatment of Attention Deficit Disorders in a Clinical Setting". *Biofeeback and Self-Regulation*, 9, pages 1-23.
Mann, C. A., J. F. Lubar, A. W. Zimmerman, B. A. Miller et R. A. Muenchen. "Quantitative Analysis of EEG in Boys with Attention Deficit/Hyperactivity Disorder (ADHD). Une étude contrôlée *révélant* des implications cliniques." *Pediatric Neurology*, 8, pages 30-36.

84. The Focus Neuro-Feedback Training Center : 2101 Business Center Drive, Suite 102 ; Irvine, CA 92612. (714) 833-1882.

85. The Soma Institute of Neuromuscular Integration : 730 Klink, Buckly, WA 98321, (360) 829-1025. [http://www.soma-institute.com]

86. Dr Sid Wolf, H.H.P., Ph.D. ; Phoenix Healing Center (nationally certified in therapeutic massage and body work) ;

1017 Vision Way, Lyons, CO 80540. (303) 823-5873.

87. Johnson, Ranæ, Ph.D. *Rapid Eye technology* et *Winter Flower*. Ces livres sont offerts sur Internet [http://www.rapideyetechnology.com].

88. Rapid Eye Institute : 3748, 74th Avenue. SE; Salem, OR 97301. (503) 373-3606. [http://www.rapideyetechnology.com]

89. Peggy et Steve Dubro. The EMF Balancing Technique : Phoenix Factor. [http://www.EMFBalancingTechnique.com]

Quelques exemples de livres d'éveil
publiés par ARIANE Éditions

Les Dernières heures du Soleil ancestral

Le Futur de l'amour

Série Conversations avec Dieu

L'Émissaire de la lumière

Le Réveil de l'intuition

Sur les Ailes de la transformation

Voyage au cœur de la création

L'Éveil au point zéro

Partenaire avec le divin
(série Kryeon)

Les Neuf visages du Christ

Lettres à la Terre